极简应用心理学

心理学与人际交往

"心理学与脑力思维"编写组 编著

中国纺织出版社有限公司

内 容 提 要

在人际交往中，无论是朋友还是敌人，无论对方处于何种地位，只要我们能了解对方的心理，并用好相应的心理策略，那么处理好人际关系并非难事。

本书正是从心理学的角度入手，内容涉及职场、商场、婚恋和家庭等方面，介绍了实用、有效的沟通方法和人际交往技巧，从而帮助你在人际交往中极大地扩展影响力，赢得更广泛的信任和支持，收获更多的友谊与合作，从而取得事业的成功和生活的幸福。

图书在版编目（CIP）数据

极简应用心理学.心理学与人际交往／"心理学与脑力思维"编写组编著.--北京：中国纺织出版社有限公司，2024.7

ISBN 978-7-5229-1643-9

Ⅰ.①心… Ⅱ.①心… Ⅲ.①应用心理学—通俗读物 Ⅳ.①B849-49

中国国家版本馆CIP数据核字（2024）第070191号

责任编辑：柳华君　　责任校对：王花妮　　责任印制：储志伟

中国纺织出版社有限公司出版发行
地址：北京市朝阳区百子湾东里A407号楼　邮政编码：100124
销售电话：010—67004422　传真：010—87155801
http://www.c-textilep.com
中国纺织出版社天猫旗舰店
官方微博 http://weibo.com/2119887771
天津千鹤文化传播有限公司印刷　各地新华书店经销
2024年7月第1版第1次印刷
开本：880×1230　1/32　印张：6.25
字数：106千字　定价：49.80元

凡购本书，如有缺页、倒页、脱页，由本社图书营销中心调换

前言
PREFACE

在人际交往中，你是不是曾有以下这些苦恼：工作认真努力、为上司鞍前马后却得不到晋升？把同事当成合作伙伴却惨遭背叛？对朋友掏心掏肺却得不到信赖？对长辈嘘寒问暖却得不到关爱？给客户介绍体验各种产品，客户却甩袖而去？对爱人百般疼爱却抓不住缘分……其实，造成这些苦恼的原因，并不是因为你做得不够，而是因为你不能真正走到对方心里去，不知道对方想什么、需要什么。要解决这一问题，首先就要变通。我们要学会洞察交往对方的心理需求，才能有的放矢地攻克人心，达到交际目的。

的确，人际关系说复杂也很复杂，说简单也很简单。纵然与我们打交道的人各色各异，但无论是地位高者还是地位低者，无论是朋友还是敌人，只要我们能掌握对方的心理，并应用相应的心理策略，那么处理好人际关系并非难事，你还能通过人际交往达到自己的目的。

可以说，人际交往，做人做事，都和心理学有着千丝万缕的联系。中国古代兵法云："用兵之道，攻心为上，攻城为下；心战为上，兵战为下。"这一兵法尤其在现代社会社交生活中大有用武之地。如果不懂心理学，即便你口若悬河、煞费周章，也可能南辕北辙、毫无效果；相反，如果懂得心理学，可能只需付出一点点，便能洞悉对方内心世界，从而先入为主，占尽社交先机，达到交际目的。

因此，生活中的每一个人，都应该懂点人际交往心理学。它可以使你摆脱无所适从的困惑；它可以让你具有认清环境和辨别是非的能力；它可以使每个人在风云突变之际，看透周围的人与事、看破他人的真伪、洞悉他人内心深处潜藏的玄机，以不变应万变。人际交往心理学能指导你怎么说话、怎样做事，让你从容应对各种人际关系，不再四处碰壁，从而牢牢地掌握人生的主动权。

编著者

2022年6月

目录
CONTENTS

▶ 第 01 章 ◀
迎接挑战，秀出自我才能抓住属于你的机遇

毛遂自荐，让他看到你的价值 ～ 002

勤"出镜"，混个脸熟更易成事 ～ 004

打造完美形象，展现你的魅力 ～ 006

想要改变你的人生，先要改变自己 ～ 010

大胆争取，有时候谦让并不是好事 ～ 012

▶ 第 02 章 ◀
坦然接受，接纳不喜欢的事物是成熟的前提

别把不喜欢挂在脸上 ～ 018

有容乃大，成熟要先从接纳不同的人开始 ～ 020

少点幼稚，多点成熟 ～ 023

第 03 章

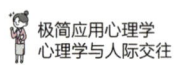

语言破冰，一开口就把话说到他人心坎里

谁都有一双爱听愉悦之言的耳朵 ~ 028

良好印象首先要从恰当的称呼开始 ~ 031

站在对方角度考虑，说对方想听的话 ~ 034

幽默表达，让对方折服于你的智慧 ~ 036

真诚表达，赢得信任 ~ 039

曲径通幽，有些表达委婉点更有效 ~ 042

第 04 章

人脉搭建，善用心理计策主动结交朋友

提升自身价值，展现自己的社交吸引力 ~ 046

用细节打动对方，展现你的贴心 ~ 048

广结好友，扩大你的人际关系网 ~ 052

坦然面对冷落，用热情感化对方 ~ 056

第 05 章
善待自己，避实就虚，影响对方的判断才能保护自己

狂妄自大，只会令人厌恶 ~ 062

过分炫耀，实际上是为自己树敌 ~ 065

暂时的低头，是为了以后抬起头 ~ 068

能力突出，也不必狂妄 ~ 070

现在放低自己，以后才能走向高处 ~ 073

放低姿态，虚心求教能获得他人欣赏 ~ 077

第 06 章
三缄其口，人际交往中把握语言分寸很重要

说话要因地制宜，有些话绝对不能说 ~ 082

开玩笑也要把握分寸 ~ 085

三思而后言，不可信口开河 ~ 087

喜欢揭短之人，只会令人生厌 ~ 090

嘲笑他人，其实也贬低了自己 ~ 093

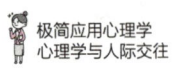

第 07 章
步步为营，让自己实现从弱者到强者的蜕变

遭遇恶意攻击时，展现出你的强硬态度 ～ 098

避让光彩，甘当配角 ～ 100

实力不佳时，忍辱负重积极向前 ～ 102

适时发怒，展现你的威严 ～ 105

第 08 章
伙伴关系，在共事中巧妙地赢得他人支持

有凝聚力的团队才具有核心竞争力 ～ 110

不完美的成员，能成就优秀的团队 ～ 112

形成自己的优势，为团队添砖加瓦 ～ 114

选择合作，单打独斗根本行不通 ～ 117

团队合作，最忌搞个人主义 ～ 120

与人合作，能弥补自身不足 ～ 123

第 09 章

善于倾听，倾听是对他人表达关注的最好方式

听出他人话语间的批评并努力提升自我 ~ 128

沉默是金，此时无声胜有声 ~ 130

带着头脑倾听，听出他人的弦外之音 ~ 133

先倾听，开口前先听听对方想表达什么 ~ 137

兼听则明，偏听则暗 ~ 140

第 10 章

搞定面试官，求职面试是你与面试官的一场心理博弈

绕开禁忌，有些话面试中绝不能说 ~ 146

面试中的薪资问题如何谈 ~ 149

面试求职，是与面试官的一场心理博弈 ~ 152

第 11 章

难得糊涂，适时装装糊涂反而更能赢得人心

故意犯点小错，展现你可爱的一面 ~ 158

难得糊涂，是做人的最高境界 ~ 160

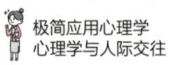

做人不能太天真，保护自己是前提 ~ 163

大智若愚，后发制人 ~ 165

过分精明的人，反而让人不愿接近 ~ 169

第 12 章

善于迎合，与上司打交道要把握分寸

若即若离，和领导相处切忌僭越 ~ 174

经营上下级关系，也要掌握心理沟通技巧 ~ 177

向领导表达尊重，是建立良性上下级关系的前提 ~ 180

虚心点，适时多向上司请教 ~ 183

推功揽过，让上司看到你的贴心 ~ 185

参考文献 ~ 189

第 01 章

迎接挑战，秀出自我才能抓住属于你的机遇

毛遂自荐，让他看到你的价值

当今职场上，有不少人才华横溢，却总是得不到提升，以致怀才不遇。怀才不遇者除了怨天尤人以外，也需要反思一下自己为什么会陷入这样的命运，又该如何走出这种悲哀的命运。答案就是你应该调整自己的心态，比以前更加积极主动。

在人才辈出、竞争日趋激烈的今天，"三顾茅庐"的时代已经过去，如果你不主动出击，让别人知道你的能力，那么就只能"坐以待毙"。只有敢于表达自己，吸引到了对方的注意，才有可能得到机会。大多数人都有自己的理想和目标，但人生的第一步是必须学会醒目地亮出自己，为自己创造机会。

一个人要想有所成就，就不要一味地奢望他人关注自己，而是要积极主动地把自己的才干展示给他人看。表现得多了，被发现、被赏识的可能性就会变大。这就是说我们对待机会要采取主动的态度，并且要用我们的行动增加机会出现的可能性。敢于展示自己，机遇就会不"争"自来。因此，主动出击是"俘获"机遇的最佳策略。

再优秀的人，如果只是深藏不露而不表现自己，人们也无法看到他的价值。这样下去，即使他有绝世的才华，也会被渐渐埋没。所以，无论是找工作还是晋升，与其坐等伯乐，不如自我推销。在关键时刻恰当地"秀"一下，不失为一个引起别人注意并赢得赏识的好方法。

人生机遇难得，不要错过表现自己的极好机会。当某项工作陷入困境之时，你若能大显身手，定会让领导格外器重你。如果你有能力，也可自告奋勇地去挑战那种人人唯恐避之不及的工作。在别人都不愿意做的时候，自我推销正好可以显示你的存在。如果成功了，你当然有功劳；如果失败了，你也积累了宝贵的经验。而更重要的是，这个过程将成为你日后面对困难的勇气来源，你的举动也将成为人们评价你的依据。

身在职场，我们要具备向他人推销自己的能力，要适时展示自己的才华。只有成功地把自己展示给他人，让他人发现你的能力，你才会有机会被提拔、重用。总之，推销自己是一种能力，有了这种能力，你才能抓住机遇，使自己立于不败之地。

（ 勤"出镜"，混个脸熟更易成事 ）

在人才辈出、竞争日趋激烈的当下，一般来说机会不会主动找到你。你只有设法吸引他人的注意，才有可能获得机会。那么，怎样才能吸引他人的注意呢？那就是要与人多接近，提高见面的频率。

实际上，要想将陌生人变成朋友，就要让对方多看到你，熟悉你，进而提高喜欢你的程度。在当今职场中，如果你细心观察就会发现，那些人缘很好的人，往往善于制造与他人接触的机会，以提高彼此间的熟悉度，从而产生更强的吸引力。

公司里来了两名新员工——小赵和小李。两人都是某重点大学毕业的学生，被安排在同一个部门，做同样的工作。他们在工作能力上不相上下，但是在为人处世方面则有着很大的不同。

在工作上，小赵总是按时上下班，不愿意和公司里的同事进行过多的交流。小李却不是这样。每天，他都提前十分钟来到公司，把办公室打扫得干干净净；下班之后，如果还有人没走，他就留下来和别人聊聊天，说说闲话。如果同事之中有人需要帮忙，他总是竭尽全力地去帮助对方。当然，他在遇到一些困难和问题的时候，也会诚恳地向别人求助。

有一次，他来到刘经理的办公室，说家里发生了一件大事，务必请刘经理帮忙拿个主意。原来他的弟弟今年刚参加完高考，想请刘经理"帮忙参考一下，看看填哪一个志愿比较好"。刘经理听说之后，心里十分高兴，就热心地给他分析了近几年大学生的就业形势，之后慎重地提出了一个合理化建议。

后来，刘经理手下的一个副经理调到了其他部门工作，公司决定用公开竞聘的方式选拔一个新的副经理。小赵和小李都有本科学历，又都是业务精英，于是两个人都有资格报名参加

竞聘。这次竞聘的评委由职工代表和公司中层以上干部组成。结果，小李毫无悬念地以绝对的优势击败了小赵，成为公司里最年轻的中层干部。

如果你想与某人建立良好的关系，这种方法很适用：找机会多与对方见面，每次时间不要太长，给对方一个熟悉你的机会，让他知晓你的为人，他自会期待下次的见面。经常与人见面、聊天，给人带小礼物的人，人缘会很好，抓住各种机遇的可能性也更大。

当然，露脸也要注意分寸，不要过于显摆，免得遭受众人的谴责，而且露脸的次数不宜过多。如果你不分场合，天天都干些出格的事，他人就不会再觉得你有什么稀奇的地方，只会觉得你爱出风头。因此，你应当有所节制地"露脸"，这样他人就会对你偶尔展露的新鲜才华很有印象，并愿意将大事托付于你。

打造完美形象，展现你的魅力

我们在慨叹不被人了解、没有人知道自己的才干时，首先应当自问："在平时的工作和生活中，我的形象是否与自己所期待的自我价值相符？"想要受到欢迎，诀窍就是先塑造好自己的形象。

你的形象会说话，它可以决定别人对你的看法。对人彬彬有礼，穿着整洁，举止文雅，是个人修养的基本体现。形象也是一种资产，许多人都是因为个人形象魅力的缺失而失去了绝好的工作或成功的机会。因此，为了争取自己的利益，我们应尽可能完美地树立起自己的形象，树立起自己在大家心目中的威信。

1960年，在尼克松与肯尼迪的总统竞选之争中，尼克松在资历上占有绝对的优势，但是他忽略了对自己外表的包装。以至于贵族家庭出身的肯尼迪这样评价他："这家伙真没有品位！"由于受到家族的影响，肯尼迪懂得如何利用自己的外在优势获取选民的信任。在他与尼克松的电视辩论中，肯尼迪浑身散发着领袖的魅力，看起来坚定、自信、沉着。从电视节目中的一个握手动作上，一位政治评论家得出结论——肯尼迪已经获胜。

他的演说极富感染力，且深入人心。他时时刻刻注重自己在民众面前的表现，一刻也没有掉以轻心。他是美国人理想的领袖形象。几十年过去了，他的形象一直让人难以忘怀。

我们在任何场合都应该全力以赴地维护好自己的形象。形象不仅指出众的外表，还包括优雅的风度、得体的谈吐、高贵的气质，也包括深厚的底蕴与学识等。良好的形象在交往中可以对人产生强烈的吸引力。

可树立好形象并不是一朝一夕的事情，需要你在谈吐、举止、修养、礼节等各方面提升素质。如果你在日常工作中能够注意到以下三点，那么将会为你树立良好个人形象打下坚实基础。

1. 以良好的第一印象深入人心

"好的开始就是成功的一半"，我们应注重修饰仪容仪表，使自己的言行服饰适合职业身份。通过外表形象向人们展示自己独特的人格魅力、成熟的气质和非凡的能力。假如你在与人初次见面时就通过你的仪表和言行举止呈现出良好的个人形象，那么你不仅能第一眼就被人注意，而且会在以后更容易被人记住。接下来再开展工作定然会取得事半功倍的效果。

2. 在着装上讲究形象艺术

衣着虽然是一个人外在的因素，但也是一个人内在修养的重要体现。它反映出一个人的修养、情操、文化底蕴等。因此，应在着装上下功夫。

一般来讲，一个人无论从事什么工作，在穿着方面都应有起码的原则：第一是整洁，第二是得体。服饰协调、搭配文雅往往会给人留下美好的印象；如果着装不当，很容易令人反感，甚至会降低个人的身份，如此自然也会影响组织的整体形象。

3. 举手投足间尽显风采

姿态是无声的语言。它在你开口说话之前就传递出了信息，使人对你产生了印象。一般来讲，姿态语言是指人的动作和举止，包括姿态、体态、手势及面部表情。良好的仪态能够展示自

信。大方得体的人，更容易得到他人的认可与支持。

想要改变你的人生，先要改变自己

人生在世，没有人不渴望出人头地。美国著名演说家金·洛恩说过这样一句话："成功不是追求得来的，而是被改变后的自己主动吸引来的。"

一个人如果不先改正自己的缺点和不足、使自己的人格趋于完善，就很难获得成功，更谈不上影响和改变别人。任何成功都源于改变自己。只有不断地改正自己身上的缺点，才能实现自己的进步、完善、成长和成熟；只有随时自省、勉励自己，努力扬长避短、发挥自己的潜能，才能具备成功的资本。

人生是由一连串的改变形成的。改变就是机会，只要你及时改变，就会收获好的机会与开始。而且，唯有良好的自我改变，才是改变环境的基础。改变是痛苦的，但是，如果不改变，那将是更大的痛苦。与其等到遭受挫败或者深陷绝境之后才后悔不已，还不如在此之前自己动手检查，及时认清自己的错误并主动改变。

西班牙青年卡哈尔在少年时代放荡不羁,懒散成性,屡次违反校规,后来被学校开除。受到父亲的严厉管教后,他吓得不敢在家,于是选择去异乡流浪。他游荡了一年毫无长进,不得已又回到了家里。这时他才知道父亲当初被他气得卧病在床,不久就去世了,母亲则拖着有病的身体去给人打工。

卡哈尔回来后,遭到了乡亲的白眼。他们对卡哈尔只有鄙夷,认为他是不中用的人。乡亲的白眼使卡哈尔吃不下饭、睡不着觉。他开始反省自己并从深切痛苦中领悟到,要改变自己的形象,必须改变自己的生活态度。

这时,母亲语重心长地劝他说:"一个人有没有用,不在于别人怎么说,而在于自己怎么看。如果因此而破罐破摔,当然不会中用。但是如果因此而自省、自新、自强,结果就不大一样了。即使成不了大业,也会有所长进。"

听了这番话,卡哈尔郑重其事地向母亲起誓说:"我要继续读书,像父亲那样做一个好医生!"母亲喜出望外,全力支持他。卡哈尔刻苦学习,考入了萨拉格萨大学。25岁时,他被该校聘为解剖学教授,他努力探索人脑神经结构,最终取得了突破性成果。

1906年,他成了诺贝尔医学奖的获得者。

如果你希望自己的世界有所改变,那么必须首先改变的就

是自己。只有对自己进行深刻的检讨，采取改进措施，你的精神面貌才会发生巨大变化。你会感觉到自己在一天天地向成功迈进。心若改变，态度就会改变；态度改变，习惯就会改变；习惯改变，人生就会改变。当自己改变后，你眼中的世界自然也就随之改变了。

大胆争取，有时候谦让并不是好事

现代公司中，有不少既有能力又努力敬业的人，但他们总是得不到上级的赏识。也常有这样的人，明明为单位作了突出贡献，却总是与提升失之交臂。这究竟是为什么呢？

这类人在认识上有一个误区，即认为"争"便是不道德的。因为道德的行为是讲究无私奉献，只讲付出、不求索取。他们以为，只要自己做了工作、有了成绩，他人自然会给自己回报，因此没有必要去争取。但事实上，争取自己的分内利益是一个与道德无关的问题。按劳分配、等价交换乃是公理。

在这个现实的世界中，如果你过分谦让，那么不仅你是在欺骗自己，也是在欺骗别人，更是对自己功绩的埋没。所以，过度的谦让并不是一种可取的美德。谦让与恰当争取相结合，才是一个人获得成功的途径。现代公司并不排斥爱争的人，只要"跑"得快，"吃"得多些也无妨。

小刘和小于是大学同学，毕业后，他们同时应聘到一家外贸公司工作。

小于的工作能力很强，但他不习惯为自己争取利益。遇到好的机会也总是回避、退让，因此一直不被上司注意，薪水也一直不见涨。

小刘性格外向，他工作积极肯干，总是不等上司吩咐就把工作做好了。同时，对于加薪、升职、带薪旅游等关系到自身利益的事，他也充满兴趣。他总是不断地对上司和同事们表示，自己努力工作，就应该得到那些奖励。有一次，他甚至在电梯间直接向老板询问年终长假旅游事宜，并表达了自己热切的期望。

两年过去了,小于和小刘的差别越来越大,当小刘已成为部门主管的时候,小于的待遇依然和实习时差不多。而且,每当公司业绩上升、要对员工进行奖励的时候,大家都会不约而同地想到:小刘的好事又来了!

在职场中,要敢于参与竞争。如果一味忍让、逆来顺受,那你什么也得不到。主动出击才会有所收获。

生活中有很多吸引人的东西,如成功、地位、财富等,你喜欢它们,就要大大方方地站出来,表明自己有拥有它们的资格。有许多抱有天真想法的人,常常以为"是你的就是你的","争名夺利"总显得有点儿不够高贵。争取自己的正当利益是合情合理的行为，竞争并不影响你的个人形象。如果说争而不让是小人，那么，让而不争就是弱者。一个人如果没有一点"争"的意识，万事皆让、逆来顺受，是难以有任何作为和出息的。

因此，该让时就不要争，该争时就不要让。理智地对待"争与让"，才能在为人处世中表现出非凡的气度、风度和力度，才能在激烈的社会竞争中立于不败之地。

第 02 章

坦然接受，接纳不喜欢的事物是成熟的前提

别把不喜欢挂在脸上

现实生活中，很多人并没有把控制情绪当成一件重要的事，总觉得情绪化是一种率直的表现。他们信奉"做真实的自我"。于是，在生活中，这些人从不掩饰自己的喜怒，开心的时候就笑，难过的时候就哭，烦躁的时候就发脾气。这些做法，在表面看来当然没有问题，甚至还是某种教育所推崇的。可如果你真的这么做了，时间一久就会发现，自己已陷入泥沼。

小玲毕业后，来到一家中型企业工作。刚来那几天，她充满了好奇，充满了骄傲。可是没过几天，她就开始不喜欢这个企业了，觉得这与自己理想中的企业相差太远，好多事情都与自己想象的不一样。说管理正规吧，明显还有好多漏洞；说不正规吧，劳动纪律又抓得太严。她觉得很不舒服。于是，她心态动摇，感到不愉快，向同事发牢骚道："这个企业怎么这么多问题，干着真没意思。"这话不知怎么传到了上司的耳朵里，还没等小玲对这个企业真正有所认识，她就被炒了鱿鱼。开始小玲还满不在乎，觉得反正自己也没看好他们，走了也无所谓。可是，当她在求职大军中奔波了三个月还没找到好于之前企业的工作的时候，她才感到有些后悔。心想，如果下次再有类似的企业接纳自己，自己一定接受教训，好好干。

对情绪不加掩饰，经常把率直写在脸上的人，很容易受制于人。如果让这种率直一直跟随自己而不去控制，最终只会一败涂地。其实，很多刚毕业的大学生都会遇到和小玲一样的问题。比如，一些刚参加工作的新人，进入一个新的环境后，看这个不顺眼，看那个也不喜欢，认为老板没多大本事，同事也都不如自己，对公司的制度不满意，对一些潜规则更是不屑一顾。如果这种不满的情绪时常表露出来，肯定对自己的发展非常不利。

人应该学会保护自己，心里有什么想法，不要轻易地表露出来。如果你的喜怒哀乐表达失当，有时甚至会招来无端之祸。人多少都有察言观色的本事，他们会根据你的喜怒哀乐来调整和你相处的方式，进而顺着你的喜怒哀乐来为自己谋取利益。你也会在不知不觉中受到别人的掌控。因此，为了保护自己免受伤害，我们一定要学会控制自己的情绪，不要轻易地把自己的情绪表露出来，以免伤害自己和得罪别人。

约束一下你率真的性格吧，别让情绪随便显露出来。在人际交往中，要时刻保持警惕，做到喜怒不形于色，不让自己的喜怒哀乐成为别人利用的对象。如果你不想被别人控制，就先要学会控制自己的情绪，在必要时伪装自己，深藏不露。

有容乃大，成熟要先从接纳不同的人开始

"物以类聚，人以群分"，一般人都愿意同自己看得惯的人相处，这是无可厚非的。但在日常生活中，我们总会遇见一些让自己心生厌恶的人。当见到这类人、听到这类人的声音时，我们会自然而然地产生抗拒情绪。但是，我们要明白，这是非常不理智的，这样容易造成互相敌对的局面，对自己的害处也不小。所以，为了不因对某人毫无理由的厌恶而到处树

敌，我们应试着和自己不喜欢的人交朋友。

主动与人交往，真心与人交往，这是结交朋友最可靠、最必要的途径。在交往的过程中，受益最大的其实还是自己。因为对方或许恰好可以弥补你身上的缺点。假如一直抱着冷漠的态度，那你将会错过许多对你来说非常重要的人。

世界首富比尔·盖茨和世界第二富翁沃伦·巴菲特曾经是两个互不相干的人，两人之间甚至还存在很深的偏见：盖茨认为巴菲特固执、小气，不懂时代先进技术；巴菲特则认为盖茨不过是运气好，靠时髦的东西赚了钱而已。但是，后来他们成为了商场上的知心好友。

在1991年的一天，盖茨收到了一张邀请他参加华尔街CEO会议的请帖，主讲人就是巴菲特。他不屑一顾，随手丢到了一旁。盖茨的母亲微笑着劝儿子："我倒是觉得你应该去听听，他或许恰好可以弥补你身上的缺点。"母亲的话让盖茨清醒了许多，他决定去见一下这位大他25岁的前辈。

在聚会场所，同样对对方抱有偏见的巴菲特见到盖茨后，傲慢地说："你就是那个传说中非常幸运的年轻人啊。"盖茨是以一颗真心来结交巴菲特的，因此他没有针锋相对，而是真诚地鞠了一躬，说："我很想向前辈学习。"这出乎巴菲特的意料，他不由得对盖茨产生了好感。

随着交往的深入，盖茨逐渐了解了巴菲特：他对金钱有着超凡脱俗的深刻见解；他不但支持妻子从事慈善事业，而且身体力行，计划在自己离世后将全部遗产捐献给慈善事业；他助人为乐，对待朋友也非常真诚，他的人格魅力打动着每一个与之交往的人……

人与人之间存在偏见、不能接纳对方，往往是彼此没有真心交往、主观臆测对方的结果。假如先入为主，抱着冷漠和过分警惕的态度，就会与真正值得交往的人失之交臂，留下终生遗憾。如果我们能学会和各种不同的人打交道，工作起来就能相互协调得更好，这样才会对自己有帮助、有好处。

人与人是有差异的，你不能强求别人都和你一样。认识到这一点，就会在内心减少一些反感和厌烦的情绪，就能容忍相互间性格上的差别。人与人的相处贵在包容。知道自己想要的是什么，也能尊重对方不同的想法，彼此相处的空间才能扩大。这就要求我们，不必要求对方事事如自己的意、符合自己的标准，要学会从善意的角度来欣赏对方。

跟不同性格的人相处，还要注意了解别人。你应更多地了解对方，并努力去寻求对方的亲近和认同。这样，你就会理解他、体谅他、帮助他，慢慢地，彼此就会增进了解，甚至可能成为好朋友。

求同存异、携手共进，才是一种成熟的处世方式。每个人都有自己的处世原则、做事风格，不要试图去改变别人，要让自己学会适应。这样才能减少一些对他人的反感和厌烦，增加一些亲近和认同，从而拥有更和谐的人际关系。

少点幼稚，多点成熟

这个社会自有它的规则，如果你不仅不留意，还去贸然冲撞，就会时时受阻、处处碰壁。如果不能尽快褪去学生气，就会与新环境产生摩擦，工作也难以取得成绩与突破，以致影响到自己的未来。

所以，进入社会后，我们需要做的就是尽快成长和成熟起来，处处锻炼自己，尽早褪去学生气。步入社会后，要弱化以自我为中心的观念，先别强调自己有多么聪明的头脑和响亮的文凭，而是要多考虑他人的需要和感受。

每个在校的学生毕业后总会步入社会，面临着人生新的洗礼和考验。当我们明白了社会和校园有着不一样的规则和标准时，就要调整好自己的角色定位，让自己尽快适应新的环境，这不管是对于个人的成长还是职业生涯的发展都有着很重要的作用。

1. 减少落差感，尽快适应角色

步入社会，意味着学生角色开始向职业角色转化。大学生初入职场，被人认可的愿望十分强烈。而真实情况是，从业之初，毕业生往往会被指派做一些技术含量较低的工作或频繁轮岗。曾经是学校里的优等生，如今却是一名普通员工；学的是热门专业，却往往无法获得期望的薪酬和机会。评价标准的差异，期望值的跌落，让许多优秀大学生无所适从。

适应角色阶段的心理调适重点在于了解职业角色定义，扎根工作岗位，克服心理上的落差感。在这一阶段，应当尽快地从以往的学习生活模式中解脱出来，全身心地投入工作岗位中去。要动态地看待就业，真正的人才决不会被永远埋没。一定要有不怕吃苦、肯做小事的勇气和毅力，用坚实的努力提升自己。

2. 努力缓解工作压力，尽快进入角色

毕业生在校期间学习到的东西毕竟有限，很多知识和能力都需要在工作实践中去学习、锻炼和提高。可以说，努力缓解工作上的压力是进入角色必不可少的一环。

这一阶段心理调适的重点在于适应工作节奏，提出合理性建议和构想，展示自己的潜能，为承担重要工作作好准备。要虚心向有经验的人学习，不断丰富自己的专业知识，提高专业技能；运用自身掌握的知识去解决问题，培养自己的独立见解，逐步具备独立开展工作的能力，更好地承担角色责任；融入集体，建立良好的人际关系；为单位创造效益、作出贡献。

3. 克服盲目感，尽快完成角色选择

熟悉工作、熟悉环境、熟悉行业之后，有必要对目前的工作进行审视。要客观分析自己对工作的适应情况，对自己的能力进行正确估计，对以后的事业进行合理规划。在对主客观因素正确分析的基础上，选择既适合自己个性特点、能激发兴趣、有助于实现人生理想抱负，又能胜任的职业。

角色选择这个阶段心理调适的重点在于：不轻易跳槽，保持平和的心态，切忌攀比，承认个人能力的强弱，承认个体差异。如果目光短浅、眼高手低，稍不如意就一走了之，受损失

的不仅是用人单位，更是你自己。只有兢兢业业、踏踏实实工作，才能迈向成功。

第03章

语言破冰，一开口就把话说到他人心坎里

谁都有一双爱听愉悦之言的耳朵

俗话说："良言一句三冬暖。"我们每个人都希望能得到别人的肯定与赞美。喜欢听好话、受赞美是人的天性之一。可见，赞美话是人人都爱听的。

当我们听到他人对自己的赞赏，并感到愉悦和受到鼓舞时，不免会对说话者产生亲切感，从而使彼此之间的心理距离缩短。人们之间的融洽关系就是从这里开始的。人与人之间，互相赞美是必不可少的。为了使人际关系更加融洽，使自己更多地得到他人的帮助，我们应该学会说一些得体的夸赞他人的话。

用诚恳的态度、热情洋溢的话语来直接赞美对方，不仅能表现自己的涵养、友善，迅速博得对方的好感，而且能使对方感到被人赞同、认可，使其认为自己内心深处有与你相通的地方，从而产生共鸣，渴望与你拉近关系、深入交往，实现自我价值。

小程大学毕业以后想进入某公司，但他没有盲目地去应聘，而是花费了很多精力，广泛搜集该公司经理的有关信息，详细了解了这位经理的奋斗史。那天见面之后，小程这样说道：

"我很愿意到贵公司工作，我觉得能在您手下做事是最大的荣幸。因为您是一位依靠个人奋斗取得事业成功的人物。我知道，您10年前创办公司时，只有一张桌子和一部电话机。您经过艰苦奋斗，才创下了今天的事业。您的这种精神令我钦佩。我正是冲着您的这种精神才来接受您的考查的。"

但凡事业有成的人，几乎都乐于回忆当年奋斗的经历，这位经理也不例外。小程的一番话一下子就触碰了他的内心，引起了他的共鸣。因此，经理乘兴谈论起他曾经的创业经历。小程始终在一旁认真聆听，不时以点头表示钦佩。最后，经理向小程询问了一些情况，终于拍板："你就是我们所需要的人。"

赞美话人人都爱听,关键是赞美者能不能抓住被赞美者的"闪光点"。赞美别人要抓住其最重视、最引以为豪的东西,将其放到突出的位置加以赞美,这样才能够最大限度地满足对方的心理需要,从而达到自己的目的。真正善于赞美的人懂得恰到好处地赞美别人。这是与他人交往时的"润滑剂",使用得好就很有可能赢得他人的好感与青睐。

在赞美时,应当注意交际对象的年龄、文化、职业、性格、爱好等,因人而异,把握好分寸。年长者总希望别人不忘记他"想当年"的业绩与雄风,同其交谈时,可多称赞他引以为豪的过去;对于年轻者不妨语气稍为夸张地赞扬他的创造才能和开拓精神;对于领导者,可称赞他雷厉风行、廉洁清正;对于知识分子,可称赞他知识渊博、宁静淡泊;对于商业人员,如果你说他学问高、品德好、博闻强识,他不一定高兴,你应该说他才能出众、精明能干、发财在即。但在现实生活中,也有不少有识之士喜欢"直言不讳",你越指出他的不足,他越喜欢你,而你越赞美,他越讨厌你。同这类人交往时,赞美是需要慎之又慎的。

总之,要赞美,就必须找到可赞美之处。要找出别人的可赞美之处,就要努力去发现、去挖掘。只要用心,我们就能够在最短时间内找到。

良好印象首先要从恰当的称呼开始

人际交往中,适当地称呼他人是礼貌和修养的一种体现。称呼得当,可以拉近与他人之间的关系;冒冒失失、没大没小地称呼别人的人,在职场上是不受欢迎的。不少人在职场中都遭遇过"称呼的烦恼"。

对于称呼的烦恼不仅新人有,老职员也经常遇到。职场称呼作为一种相互之间交往的礼节,已经越来越引起人们的关注。究竟用什么样的方式来称呼他人最合适呢?对此,职场资深人士认为,不同组织内有不同的"称呼文化",恰当地称呼职场人士也是个"技术活儿"。不同的职场称呼可以反映出职场关系的亲疏,的确需要好好琢磨琢磨。

1. 弄清职位好张口

新人报到后,首先应该对自己所在部门的所有同事做一个大致了解。新人做完自我介绍后,其他同事会一一自我介绍。这时,对于职位明确的人,可以直接称呼他们"刘经理、王经理"等;对于其他同事,可以先一律称"老师"。这样,一方面符合自己刚毕业的学生身份;另一方面,表明自己是初来乍到,很多地方还要向诸位前辈学习。等到稍微熟悉之后,再按年龄区分和自己平级的同事，对于比自己大许多的人，可以继续称"老师"，或者跟随其他同事称呼；对于与自己年轻相差不远甚至同龄的同事，如果关系很好，就可以直呼其名。需要注意的是，在称呼的时候，一定要面带微笑，语气温和，要有礼貌。

2. 私人关系不要带入工作

小张从学校毕业后，正式成为一名职场新人。很快，小张就发现，公司的很多同事、领导都是财大毕业的，有的甚至是他的直系学长学姐。有了这层关系，他开始主动上前与同事、领导套近乎："学长，没想到我们是一个导师带出来的""师姐，当年在学校就久仰大名，现在终于得以一见"……

然而，小张不知道的是，公司一向忌讳拉帮结派。看他这么"亲切"地称呼领导，不少人开始揣测他是不是有什么背景。而被他称作"学长"的领导，也颇为尴尬，又不好明说。

不久，小张发现，部门主管跟别人经常有说有笑，但一跟自己说话，态度就变得一本正经。除了工作上的事，其他话题都很少交流。

"我究竟哪里做错了？"小张百思不得其解，他向一位前辈请教。前辈指点说："你的问题就在于没分清私人关系与工作关系。大公司历来就有派系之争。私下越是有关联的，在工作中就越要避嫌。主管这么对你，也许就是被你那句'学长'搞怕了。"

3. 称呼他人应因"地"制宜

职场新人到底应该怎么称呼同事和领导？专家建议，应根据所在单位的性质，因"地"制宜，采用合适的称呼。

在欧美企业中，一般彼此直呼英文名字，即使对上级也是如此。而在等级观念较重的政府机关、企业单位，最好能以姓氏加职称来称呼同事及领导，如"石经理""于总"等。

在由学者创办的企业里，可根据创业者的习惯，彼此以"老师"称呼。这个称呼还适用于文化气氛浓厚的单位，如报社、电视台、文艺团体、文化馆等。

在注重团队合作的企业或学习型企业里，等级观念较淡化，大家以行政职务相称的情况比一般企业要少，互称姓名的情况较多。

要做到称呼得体，还要看场合。在办公室、会议室、谈判桌等正式场合要用正式的称谓；而在聚餐、晚会、活动等娱乐性场合，则可以随意一些。

总之，在称呼上得体，就是在别人面前尊重对方。这样的人，容易赢得他人的好感与信任。

站在对方角度考虑，说对方想听的话

在日常沟通中，我们时常会与他人发生许多误解和分歧。若处理不好，矛盾就会激化，甚至令双方反目成仇。常令我们困惑的是：他怎么会那样说我？其实，如果我们能站在对方的立场上考虑问题，误解也许就会很快消除。

站在对方的立场上去考虑问题，是理解对方的基本方法。生活中，我们总是抱怨别人的冷淡疏远，那么，为什么不去反思一下自己的行为？也许一切的原因都在于自己。换个角度，站在对方的立场去思考，一切就会变得不一样。

站在他人的立场上分析问题，能给人一种你正在为他着想的感觉，常常具有极强的说服力。如果要使他人信服你，那么你首先要尽力站在对方的立场上去想问题，站在对方的立场上去说话。以理解和认同作为沟通的基础，很多问题都会迎刃而解。

从对方的立场出发，为他分析事情的利弊，对方便会主动地按照你的思路走下去，从而达到你的目的。无论在什么情况下，要想获得对方的认同，就必须为对方着想，考虑对方的利益，关注对方的兴趣。如果你对别人指手画脚，有时会激起他们的逆反心理，导致事情向相反的方向发展。而如果能站在对方的立场说话，往往更容易达成自己的目标。

小李是一家贸易公司的职员，他不是那种能言善道的人，所以大部分时候他只是兢兢业业地埋头工作。

一天，领导安排他做一个报表，他认真仔细地完成了。领导对他的报表非常满意，称赞说："看你平时言语不多，做起事情来还真让人放心。"他笑着说："因为我觉得只有我做好了您才能少分点心。这样您才能有更多的时间去处理其他事情。"领导欣慰地笑了。

工作中，他对于每个领导都是如此，兢兢业业地做好自己的分内事，让他们少操点心。其实这就是一种换位思考，小李一直以这种方式与领导相处，自然会得到领导的重用。

在人际沟通中，倘若你能先行一步。转换一下立场，考虑一下对方的需要和感受，以对方期待的方式同他交谈，那么，

你不仅掌握了一个高明的人际关系沟通原则，还掌握了一项通往成功的诀窍。

幽默表达，让对方折服于你的智慧

幽默是人际交往的"润滑剂"，一句幽默的语言能使双方在笑声中相互谅解并感到愉悦。心理学家凯瑟琳说过："你能使周围的每一个人甚至是整个世界的人都对你有好感。只要你不只是到处与人握手，而是以你的机智、幽默去与人交流，那么你们的时空距离就会消失。"幽默的确能够引发喜悦，带来欢乐。

幽默能以一种愉悦的方式让人获得精神上的快感。善于使用幽默的人，常常能化解窘迫的情境。幽默可以帮我们减轻自身的压力、缓解紧张情绪。它能化干戈为玉帛。英国思想家培根说过："善谈者必善幽默。"幽默的语言，能使社交气氛轻松、融洽，更有利于交流。

在与人相处时，往往会遇到令人尴尬的处境。要想从难堪的境地中解脱出来，就可以急中生智地使用幽默语言，建构起特有的幽默氛围，这样就能巧妙得体地摆脱尴尬场景。在与人交往中也难免会发生一些不必要的摩擦。如果在这种情况下从容地开个玩笑，紧张的气氛就能消失得无影无踪，他人也会被你的魅力吸引，最后真正接纳你。

1. 使用双关语言

所谓双关，即利用语音或语义上的联系，有意使某一词语牵涉两个事物，从而具有双重意义，造成一种言在此而意在彼或亦此亦彼的效果，营造活跃气氛，使对方心悦诚服地接纳你的观点。

2. 正话反说

说出来的话想表达的意思与字面意思完全相反，就叫正话反说。字面上肯定，而意义上否定；或字面上否定，而意义上肯定。这是产生幽默感的有效方法之一。

3. 有意曲解

所谓曲解，就是歪曲、荒诞地进行解释。以一种轻松、调侃的态度，对一个问题进行广泛的解释，将两个表面上毫不沾边的东西联系起来，产生一种不和谐、不合情理、出人意料的效果，从而产生幽默感。

4. 夸张

将事实进行过度的夸张，造成一种极不协调的喜剧效果，也是产生幽默的有效方法之一。

马克·吐温有一次坐火车到一所大学讲课，有些赶时间。可是火车开得很慢。于是，当列车员过来查票时，马克·吐温递给他一张儿童票。这位列车员很幽默地说："真有意思，看不出您还是个孩子。"马克·吐温回答："我现在已经不是孩子了，但我买火车票时还是个孩子。火车开得实在太慢啦！"

这里便是将慢的程度进行了夸张，产生了特殊的幽默效果，令人为之捧腹。

总之，幽默不仅是一种说话技巧，更是一种智慧。这种智慧中蕴含着一种宽容、谅解以及灵活的人生姿态。当你掌握了幽默这门艺术时，就会发现，它可以让你在任何场合都与人愉快地沟通，并发挥意想不到的作用。

真诚表达，赢得信任

充满感情、融入真情的语言最能打动人心。以情动人是赢得朋友的关键所在。要想使你的表达能让他人产生共鸣，就需要你真诚地说出内心深处的声音。先要感动自己，然后才能感动别人。不要为说话而说话，应以心灵的沟通为主，如此，即可以情动人，并使人产生强烈的共鸣。

巧妙地运用充满真情的话语，可以促使说者与听者产生情感上的共鸣；可以使交流双方的关系更加融洽，从而形成良好的沟通氛围；可以使人赢得广泛的人脉关系，为人生的成功创造有利的条件。美国著名主持人拉里·金告诉我们：

"谈话时必须注入感情，表现你对生活的热情，让人们能够体验并分享你的真实感受。然后，你就会得到你想要的回报。"

推销大师乔·吉拉德总是设法让每一个光顾他生意的顾客都感到他们似乎昨天刚见过面。

"哎呀，比尔，好久不见，你躲到哪里去了？"他微笑着，真诚地招呼着一个走进展销区的顾客。

"嗯。你看，我现在才来买你的车。"比尔抱歉地说。

"即使你不买车，也可以顺道进来看看呀。比尔，从现在起，我邀请你每天都进来坐坐，哪怕是一小会儿也好。现在请你随我到办公室去，告诉我你最近都在忙什么。"

当一位满身尘土、头戴安全帽的顾客走进来时，他会说："嗨，你一定是在建筑业工作吧？"很多人都喜欢谈论自己，所以他尽量让别人能主动地打开话匣子。

"您说得对。"工人回答道。

"那您负责什么？钢材还是混凝土？"他又提了一个问题想让对方谈下去。

对方回答说："我在一家螺丝厂上班。"

"噢。那很棒，那你每天都做什么呢？"

"造螺丝钉。"

"真的吗？我还从来没有见过怎么造螺丝钉呢！方便的话我真想上你们那儿看看，欢迎吗？"

乔·吉拉德只是想让对方知道自己是多么重视他的工作。或许在这之前，从未有人真诚地问过他这些问题。相反，一个糟糕的谈话者可能会嘲弄他说："在造螺丝钉？你大概把自己也拧坏了吧，瞧你那身皱巴巴的脏衣服。"

无论何时，乔·吉拉德都真诚待人。因此，他赢得了众人的信任与支持，从而为他的事业发展赢得了人际助力。

真诚，不论对说话者还是对听话者来说都非常重要。如果你能够用得体的话语表达出你的真诚，你就能赢得对方的信任。对方就可能由喜欢你说的话而信赖你这个人，最终喜欢你的一切。

曲径通幽，有些表达委婉点更有效

时下有不少人视"心直口快"为美德。即使因言语不当而与他人产生矛盾，他们也常常以"我不会拐弯抹角"为借口为自己开脱。殊不知，直言直语是一个人致命的弱点。喜欢直言的人常常只考虑到自己的"不吐不快"，而没有考虑到他人的感受。不论是对人或对事，直言直语都会让人受不了。你的人际交往也会因此出现问题，周围的人都会离你远远的，生怕一不小心被你的直言直语灼伤。

直言直语后患无穷。如果我们能够区别不同情况，该直说的时候直说，该婉言的时候则婉言，不但可以消除许多不必要的烦恼，还可以增进友谊和团结。

小玲是一个比较爽快的人，说话总是很直接，从来不会拐弯抹角。上大学的时候有人问她："我这件衣服怎么样？今天刚买的。"她觉得好就说："挺好的！"如果觉得颜色不好，她就会直接说颜色不好看，要是换成其他颜色就好了。每每这时候，她就会看到发问者眼中掠过一丝失望，之后就不会再来问她了。渐渐地，她和同学们的关系变得疏远了。她当时就很纳闷，不好就是不好嘛，何必如此！

有几次同宿舍的人听到她这样说话便提醒她:"你说话太直接了,人家听着多不舒服!"小玲仔细想想也确实是这个道理。别人新买的衣服,肯定是自己满意了才买的,她却给人泼冷水,换作谁都会觉得不舒服。后来再有人问她类似的问题时,她便这样回答:"这件衣服你穿挺好的,不过颜色再深点会更好!"

在人际交往过程中，必须懂得在说话时巧妙地拐个弯，千万不要信口直说。直来直去，会使对方心中不快，以致双方关系破裂，甚至反目成仇。为了使人际关系更和谐，直话不能直说。与客户或上司等人说话时，更要懂得一点转弯的艺术。聪明的人总是看准对象，直话不直说，说话会拐弯，委婉地表达自己的意见。

采取绕圈子说话的方式会产生意想不到的效果。无论是在生活中还是工作中，对于一些不能直说而又不得不说的事情，不妨采取绕圈子的方法。这样既不得罪人，又能达到自己的目的，是做人有智慧的表现。

在公共场合和人交谈时，要特别讲究方式和分寸。此时，为了不失礼仪，也可以采用"弯弯绕"的方式。有意绕开中心话题和基本意图，从相关的事物、道理谈起，让听者感到你是为他着想，感到合情合理，这样就容易达到你预期的目的。在交往中，委婉含蓄的语言往往意蕴更深刻。婉言既能让对方听出弦外之音，又不伤彼此和气，我们何乐而不为呢？

说话不一定要直来直去。委婉含蓄地表达，不仅可以避免陷入僵局，而且容易让人接受，还可深得人心。所以，在与人交往的过程中，我们要学会"绕弯儿"说话，这样才不至于冲撞别人，讨人喜欢也就在情理之中了。

第 04 章

人脉搭建，善用心理计策主动结交朋友

提升自身价值，展现自己的社交吸引力

人际交往的实质是什么？就是利益交换。我们不得不承认，成年后的大部分朋友都是在谋取共同利益的过程中结交的。利益越一致，关系越深厚。在充满竞争的当今社会，人际关系大部分都建立在"我认识这个人有什么用"之上。

你如果想拥有人脉，那就必须在你与他人之间建立互利关系，这是巩固你们关系的一个根本。有人曾说过这样一句话：很少有人能和与自己地位相差太远的人建立真正的人脉关系。当人与人之间的相互利用可以实现最大利益时，同甘共苦才会成为共同的选择。你的价值就在于你可以满足他人的需要。如果一个人的朋友很少，那是因为他非常缺乏可以满足他人需要的价值。这样的人对于别人来说就是一个没有价值的人，朋友自然也不会很多。

你的价值决定着你的人际关系。你越是有价值，就越有利于你建立起强大的人脉关系网。

每个人都愿意与比自己强的人交往。如果你有出众的能力、良好的关系网络等可被别人"利用"的价值，自然能提高自己的身价，在做事的时候就会如鱼得水。孙悟空要过火焰山，就不得不低声下气地去求助于铁扇公主。要是平常，区区的铁扇公主他哪会放在眼里，上天庭下龙宫在他眼里都不过如履平地。但是他过不去火焰山，只得求助铁扇公主，就是因为铁扇公主有"芭蕉扇"，这就是铁扇公主"可以被利用的地方"。有了这个利用价值，连孙悟空都要对铁扇公主"低声下气"，好话说尽。所以，要想赢得别人的帮助，或想得到别人的器重，你首先就要提升自己被"利用"的价值。也就是说，你的"被利用"价值决定了你在别人心目中的位置，决定了别人是否愿意帮助你。

要想在社会中有所作为，首先要提升自我，让自己有"被利用"的价值。假如你想与某人成为朋友，或与他达成某种交易，那么你必须能够提供某种利益满足他的某种需要。人与人之间只有相互交换利益，相互满足对方的需要，才能建立密切的关系。

人们之所以愿意与他人交往，大多时候，是因为交往对象能满足自己的某些需求。这种满足，既有精神上的，也有物质上的。所以，按照人际交往的互利原则，人们实际上采取的策略是：既要讲感情，也要有功利。只有不断提升自己"被利用"的价值，才能吸引更多的人帮自己，加快成功的步伐。所以我们要不断地加强学习、增长实力，不放过任何一个能够提升自身价值的机会。

聪明的人不会抱怨现实的残酷无情，只会努力地让自己变成一个有价值的人、一个有用的人。这样才会在别人的"利用中"不断扩充人脉，实现自己的人生价值。

用细节打动对方，展现你的贴心

如今是商品社会，凡事都讲交换。但人毕竟是有感情的，人与人之间，如果不经过长期的相处，就无法产生信任感，更谈不上所谓的互助互利。只有经过长期的感情培养，才能充实彼此间的感情空间，令相互之间产生信赖。也只有这样的关系，才能在关键的时候帮助自己渡过难关。

要想获得别人的支持，首先要自己多付出。在当今社会，由于生活节奏的加快，尽管人与人之间的关系较之以前稍显淡漠，但是"人情生意"从未间断过。要想难时有人帮，就要提前准备筹划，为自己储备"人情"。

事实上，越是亲密持久的关系，越需要不断地对其进行情感投资。因为人与人之间都有一种情感上的期待，这种期待需要不断地以情感来浇灌。所以"感情投资"应该是经常性的，应该处处留心，善待每一个人，从小处着眼，落在实处。分析一下那些在社交场合广受欢迎的人，其实他们不过是参透了人心的微妙，留意了一些不被人注意的小事。人心微妙，事无大小。越是小事，越可体现出一个人的风范修养。

只有真正关注他人，才能赢得他人的注意、帮忙和合作。我们一定要关心每一位朋友，适时送一些他们喜欢的礼物，在适当的时候问候他们及家人。人与人之间的关系不一定只有在大事中才能体现出来，日常生活的琐碎事更能体现出你的友善。既懂得工作的重要，又深知生活的乐趣，随时把心中最真诚的愉悦带给大家，这才是受人欢迎的要诀。这样做，你在事业上一定会无往不利。

小蒋是某电器公司的老总，平时非常注重"人情投资"。他交际方式的与众不同之处是：不仅联络各界要人，对年轻的职员也投入感情。

他总是想尽办法将公司内各员工的学历、人际关系、工作能力和业绩做一次全面的调查和了解。当他认为某个人大有前途，以后会成为公司的要员时，不管此人有多年轻，他都会尽心款待，他这样做是为日后获得更多的利益做准备。他明白，诸多"欠他人情债"的人当中肯定会有人给他带来意想不到的收益。他现在做的亏本生意，日后会收获颇丰。

当他所看中的某位年轻职员晋升为科长时，他会立即跑去庆祝，赠送礼物。年轻的科长自然倍加感动，无形之中就有了感恩图报的意识。他却说："我们公司有今日，完全是你努力的结果。因此，我向你这位优秀的职员表示谢意，也是应该的。"

这样一来，当有朝一日这些职员晋升至处长、经理等要职时，也还会记着他的恩惠。因此，在生意竞争十分激烈之时，有的承包商倒闭了，有的破产了，而他的公司仍旧生意兴隆。这便是他平时注意"人情投资"的结果。

可见，"储存人情"应该从小处、细处着眼，事事落到实处。真正善于利用关系的人都有长远的眼光，能够未雨绸缪。也正因如此，他们在危急时往往会得到意想不到的帮助。

每个希望有所作为的人，都要珍惜人与人之间宝贵的缘分。即使再忙，也别忘了沟通感情，要抽出时间，去和朋友吃饭、同客户交谈、和家人闲聊。我们应意识到这些交际的重要性——不仅能加深现有的关系，还能拓宽人际圈子。你只须定期与朋友通个电话，发一封电子邮件，或是喝杯咖啡聚一聚，就可能为自己带来许多新感受，增加许多新机会。

在人际交往中，多对周围的人进行"感情投资"是值得的。说得世俗一些，你现在钓不到大鱼，就应该对身边的小鱼进行"全面撒网，重点培养"，为自己日后发展打下一个坚实的人际基础。

广结好友，扩大你的人际关系网

社会就如同一张网，交织点都是由人组成，我们称之为人脉。人多好办事，人脉就是财脉。即使我们没有高学历、没有背景，我们也还有一个扭转命运的机会——从现在起，建立自己的"人脉网"。

一个人能否成功，有时不在于能力，而在于人脉关系有多广。人脉是一个人赢得财富和成功的保证。它可以让你比别人更快地获取有用的信息，进而转换成升迁机会或者财富。

小汪是个千万富翁，他的生意早已经拓展到了海外很多国家。而他在16年前还只是一个来自乡下的穷小子。那么他是凭什么赢得了如此多的财富的呢？用他自己的话说就是："我能有今天，靠的都是朋友的帮助。"小汪有两三千个朋友，每年都会见面三四次的约有1500个，经常见面和联系的约有三四百人。也就是说，按照1年365天计算，小汪每天至少要见12～17个朋友。而小汪积累的这些人气，与他事业的一步步发展息息相关。

大学毕业后，小汪在一个朋友的推荐下来到了上海，在一家珠宝公司任部门主管。在工作期间，小汪逐渐认识了第一批朋友。后来，在朋友的介绍下，他加入了上海香港商会。后来香港商会一位副会长由于工作变动调离上海，临走前，他推荐小汪为香港商会的副会长。利用香港商会这个平台，小汪又认识了一大批成功人士。

再后来，小汪在朋友的推荐下开始投资房地产。当时上海的房地产已经火热起来，有时候即使排队也买不到房子。而在朋友的帮助下，小汪可以轻松地买到房子，并且还是打折的。几年后，在朋友的建议下，小汪又陆续把手上的房产变现，收益颇丰。

我们常羡慕能干的人，觉得这些人有手段，办起事来得心应手，能得到各方的援助。其实，这有赖于他们丰富的人脉资源。人脉是一个人无形的财富。人脉的作用有时甚至大于专业能力。一个善于拓展人脉的人，不仅会备受欢迎，而且办事有人帮、遇难处处通，比常人更多几分制胜的把握。

现在，人脉关系越来越重要。要想更好地利用关系网，就必须用心地去结交每一个人，用心地经营自己的人脉。马上行动起来，制作一份全面的"人脉关系联络图"吧！我们在人际交往中要有所选择，认清目标，找到对自己事业有帮助的人，然后与之联系、建立关系，并将其纳入自己的人脉关系网。

1. 建立有效的个人信息网

比如，对收到的各种各样的名片分门别类地进行整理，注明时间、地点之后输入自己的手机或者通讯簿里面，并且确定关键词，以便随时查找。

2. 挑出最有可能帮你的人

在构建了自己人脉网络图的基础上，对自己的人脉作一番分析，就会清楚现有人脉在哪些方面对自己的帮助大些，在哪些方面对自己的帮助小些。

你不妨将自己的人脉分级，可根据情况分成三级。高级就是对自己支持力强，或者是和自己关系非常密切，或者是拥有较多资源的人。中级是对自己有一定的支持力，而且有一定上升空间的人，这样的人脉是在拓展中需要重点关注的。低级是目前看来对自己的支持力一般的人，可能是时间不够，也可能是对方所处的地位和领域跟自己相关度不大，这种人脉应该予以维护，等待时机。

事实上，"支持力"分析是为了进一步明确自己的人脉现状，可以查漏补缺。那些曾经被你忽略的人，可能在分析之后你会发现其实他们对你的事业很有帮助。这样的分析有利于你制订一个比较有针对性的人脉网拓展目标。

3. 对关系进行分类

对关系进行分类，知道它不同的作用。当生活中一时有难，需要求助于人时，事情往往涉及很多方面，你需要很多方面的资源，不可能只从某一方面获得帮助。所以一定要分门别类，对各种关系的功能和作用进行分析和鉴别，然后把它们编织到自己的关系网中。

4. 建立更广泛的联系

可以运用网络的群组关系，把你的朋友组合在一起。你可以定期将他们组织起来，积极开展社会活动、聚餐等，互相增进情谊。在交往中要能找出对方的优点，多多学习及夸赞他，留心对方喜欢什么，以便进一步投其所好。

总之，我们要抓住机会，为自己营建人际网络，像滚雪球一样，使人脉圈子变得越来越大、越来越广。只有学会建立自己的人脉网，你才能比别人更强大、更容易获得成功。

坦然面对冷落，用热情感化对方

每个人都希望能和别人建立友好、和谐的关系。然而，要实现这一愿望并非易事。在现实生活中，每一个人，或多或少，或轻或重，都遇到过"冷落"。

面对被人冷落的现象，首先应承认它的存在、允许它的发生。也就是说，要有接受冷落的心理准备。当然，承认冷落的存在，并非承认它存在的合理性，而是承认它存在的客观性。既然矛盾是客观存在的，那么与其回避矛盾、惧怕矛盾，不如解决矛盾。

有的人不怕"冷落"。面对"冷落"时，他们仍然表现出一种泰然处之、从容应对的超然境界。其结果是使自己由"冷落"走向"热烈"，建立了良好的人际关系。

小史刚从大学毕业，现在在一个单位的办公室工作。他每天看到别人在业余时间有说有笑，打牌聊天，好不热闹，也想凑过去加入，可话到嘴边就卡住了。他不知道怎么接话，处事也不怎么圆熟，很容易莫名其妙地得罪人。

小史上班好几个月，除了本部门的同事，其他办公室的人他基本叫不出名字。领导和同事们好像对他也没有多大的好感，显得比较淡漠。他急于接近几位年龄相仿的同事，但他们似乎总是回避他。由此，他产生了"格格不入"的孤独感，觉得很苦闷。

无奈之下，小史去向职场专家请教。当对方得知了他的苦恼之后，笑着开导他说："他们'冷'，你就'热'，就是石头也能被焐热！"

听了这番话，小史茅塞顿开。从此之后，他主动接近同事，寻找相互了解的机会。在努力做好自己工作的同时，还主动帮助同事做一些力所能及的事情。比如，他每天都会提前来到办公室，打扫卫生，并根据每个人的喜好，为其沏上一杯热茶或是倒上一杯开水……不论在工作中还是在生活中偶遇同事，小史都热情主动地上前打招呼；单位组织的集体活动，他都积极参与；遇到同事家有婚丧嫁娶的事情，他就主动去帮忙；有时周末或节假日，他还主动邀请同事去参加舞会，或者一同上街购物。渐渐地，同事们对小史有了热情，并开始接受他，小史的人际关系变得越来越好。

一年后，正好单位有一个出国深造名额。大家经过一致认定，把这个令人羡慕的机会给了小史。

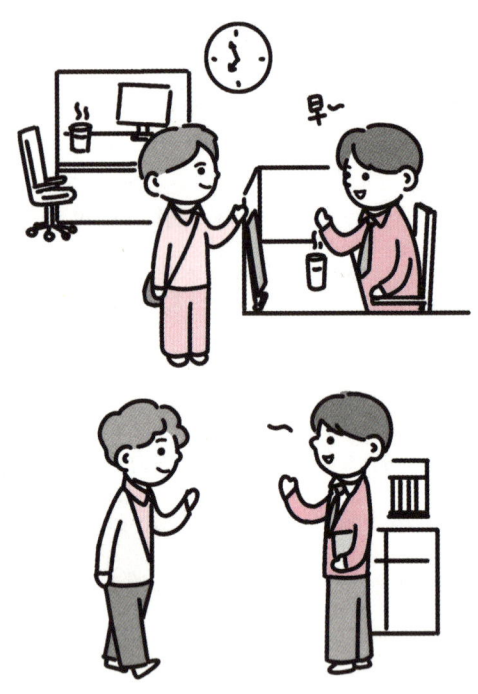

小史的交往方式属于"以热对冷",以此使对方对他的好感升温。面对别人的轻视和怠慢,我们不应回避和退缩,而应主动示好,这样做才是有益和实用的。

"冷落"是客观存在的。我们要直面冷落,既不回避,也不惧怕。比如,面对冷落你的人,早上见面时,你可以主动上前问候一声"早上好";当对方工作忙时,你可以助他一臂之力;当对方乔迁新居时,你可以主动当个帮手等。如果你能这样去想、去做,是完全有可能改变对方的态度的。人与人之间的交往本来就是这样:你想得到别人的尊重,自己先要尊重别人；你想得到别人的热情，自己先要热情待人；你想得到别人的理解，自己先要理解别人。这样，才能用自己的热情博得他人的好感，用自己的温情暖化他人心中的坚冰。

人与人之间的交流是双向的，为了以后更好的人缘，现在的你不妨"以热对冷"，做出一些必要的让步。

第05章

善待自己，避实就虚，影响对方的判断才能保护自己

狂妄自大，只会令人厌恶

初入社会的新人年轻气盛，接受新知识新观念快，富有开拓和创新精神，这是一种难得的竞争优势。但如果把这种优势当作恃才傲物的资本，就很容易走入狂妄自大的误区。

身在职场，当你在工作中取得一些或大或小的成绩时，你是否会产生一种优越于人的感受？是否会随着成绩的增长，总感觉自己与众不同，甚至高人一等？如此的高姿态，即便你是无意的，也很容易威胁或伤害到别人。所以，我们要懂得隐藏自己，不要恃才傲物、咄咄逼人，否则只会弄巧成拙，甚至招灾惹祸。

小王长得高大帅气，更让人佩服的是，他还才华非凡。大四那年，他顺利地出版了一本诗集和一本小说。

毕业后，他很自信地去省里一家最好的日报社应聘。他直接去了总编的办公室，还没等总编张口，他便口若悬河地介绍起自己，最后又把自己的两本书很骄傲地拿给总编看，以为总编一定会被自己的才华所吸引。

然而，总编看了一眼包装精美的作品集之后淡淡地笑道："上学期间就能出书，真的不错。你先去参加我们报社组织的笔试。只要你有真才实学，这份工作，你是不会错过的。"

小王听了总编的这些话，就像吃了一颗定心丸一样。对于那场分数占比60%的笔试，他没怎么准备便去参加了。他本以为自己可以毫不费力地将这份工作谋到手。

两周后，小王又去了总编的办公室。对方似乎已经把他忘记了，语气淡淡地问他有什么事。

小王提醒道："您应该记得我的。我是那个大学期间就出过作品集的毕业生，我想您应该把我的书看完了吧。不知您觉得，我是不是最合适的人选？"

总编这才抬头看了他一眼，说道："笔试成绩出来了，如果你已经接到了面试通知，可以两天后再来。至于你送给我的书，很抱歉，我想不起来放哪儿了，你可以去隔壁问问我的助理。"

原本高傲的他，那一刻失望至极。因为气愤，他说话的语气明显带着激动。他质问道："凭我的成绩，难道在这些应聘者里还不算优秀吗？我的那些书，还不足以说明我的实力吗？"

总编放下手中的工作，等他说完才慢慢解释道："我们当然需要出色的记者。但是也请你一定要记住，你最引以为荣、最看重的东西，在别人眼里，或许并不那么重要。每个人都有自己的优点，你没有理由要求别人将你手心里的宝贝也奉若明珠。我欣赏你的自信和才气，但我不喜欢你的骄傲和自大。在我的眼里，任何一个应聘者，不管能力大小，最重要的就是谦虚。毕竟，在别人那里，你只不过是一个没有任何工作经验的学生。"

现实生活中，总是有一些人喜欢用清高来标榜自己，觉得自己处处都比别人优秀。直到碰了一鼻子灰之后才幡然醒悟，原来自己根本算不上什么"牛人"。很多时候，有些人太把自己当回事儿，觉得自己所拥有的东西在别人看来也同样重要。假若带着这种心理处世，则免不了碰壁和失望。

《菜根谭》中有句话："聪明乃障道之藩屏。"自作聪明、目中无人是前行路上的阻碍和屏障。自负实质上是无知的表现，有时便表现为狂妄。因此，我们要善于看轻自己。这其实是一种高明的人生策略，它需要豁达的胸怀和冷静的思考。

无论一个人多么有才华、多么有成就，他的知识和本领也是非常有限的。所以，我们应该谦虚一些，别被胜利冲昏头脑。以谦卑平和的心态，去面对现实的生活。走自己的路，也要听听别人怎么说。只有这样，才能不断进步，不断超越自我。正如哲人所说：最谦卑的时候才是最接近伟大的时候。

过分炫耀，实际上是为自己树敌

民间有句谚语："低头的是稻穗，昂头的是稗子。"越成熟饱满的稻穗，头垂得越低。只有那些稗子，才会显摆招摇，始终把头抬得很高。越是真正有内涵和能力的人，越是低调、沉着。纵观古今，那些有所作为者，他们所坚持的往往是一种低调的处世原则。事实上，相对于高调的行事方式，低调处世更安全。

低调做人既是一种姿态，也是一种修养、一种胸襟。低调做人就是用平和的心态来看待世间的一切。低调做人才能有一颗平凡的心，才不至于被外界所左右，才能够冷静务实，更容易被人接受。这是一个人成就大事最起码的前提。

低调是成功者必备的品格。具有这种品格的人，在待人接物时能温和有礼、平易近人，善于倾听他人的意见和建议。他们有自知之明，在成绩面前不居功自傲；在缺点和错误面前不文过饰非，并能主动采取措施进行改正。

美国前总统富兰克林年轻时很骄傲，言行举止咄咄逼人、不可一世。后来，有一位朋友将他叫到面前，用很温和的语言对他说："你事事自以为是，从不肯尊重他人。别人受了几次难堪后，还有谁愿意听你夸耀的言论呢？你的朋友将一个个远

离你，你再也不能从他们那里获得学识与经验。而你现在所知道的事情，老实说，还是太有限了。"

富兰克林听了这番话后，内心很受震动，他决心痛改前非。从那以后，他处处注意言行举止，为人谦恭和蔼，慎防损害别人的尊严。不久，他便从一个被人敌视、无人愿意与之交往的人，成为极受人们欢迎的人。

不论你的资历、能力有多出众，在复杂庞大的社会里，你也只是一个小分子，无疑是渺小的。当你取得非凡业绩时，更要在人生舞台上保持低调，在生活中保持低姿态。把自己看轻些，把别人看重些。自认才华满腹的人，往往看不到别人的优秀；处处张扬的人，见识终归有限。只有敢于低头并不断否定自己的人，才能够不断吸取教训，使自己不断地成长与进步。

人们往往喜欢将自己表现得比别人强，或者努力地证明自己是个有特殊才干的人。然而一个真正有能力的人是不会自吹自擂的。所谓"自谦则人必服，自夸则人必疑"，说的就是这个道理。

人世繁杂，为了不结私怨不招灾祸，我们要以低调的姿态入世，于人于己都留条退路。不过分炫耀自己，这样才能赢得人心。在激烈竞争的社会中，这样做似乎显得平庸委屈，实际上却是一种极佳的处世方式和智慧。放低姿态，不仅可以保护自己、与他人和谐相处，还可以暗蓄力量、悄然前行，在不显山不露水中成就事业。

暂时的低头，是为了以后抬起头

我们应学会低头，懂得低头，敢于低头。不管处在什么位置，都要保持低姿态，把自己看低些、把别人看重些。即使"会当凌绝顶"，也要记住低头。因为，你在漫长的人生旅途中，总难免有碰头的时候。

人生要经过无数门槛。洞开的大门并不完全适合我们的躯体。在厚重坚固的"门框"面前，如果趾高气扬、小看或无视生活给我们有意或无意设置的低矮"门框"，结果只能是碰得头破血流，成为一个失败者。前行的道路上，碰壁并不可怕，可怕的是碰不回头、痛不思变。在厚重坚固的"门框"面前，我们要懂得暂时低头。

在秦始皇陵兵马俑博物馆中有一尊被称为"镇馆之宝"的跪射俑。它左腿蹲曲，右膝跪地，右足竖起，足尖抵地；上身微左侧，两手在身体右侧一上一下作持弓弩状。秦兵马俑坑至今已经出土了大量陶俑，除跪射俑外，余者皆有不同程度的损坏，需要人工修复。而这尊跪射俑是保存最完整的，仔细观察，就连衣纹、发丝都还清晰可见。

跪射俑何以能保存得如此完整？这得益于它的低姿态。首先，跪射俑身高只有1.2米，而普通立姿兵马俑的身高都在1.8~1.97米。兵马俑坑都是地下坑道式土木结构建筑。当顶棚塌陷、土木俱下时，高大的立姿俑首当其冲，低姿态的跪姿俑受的损害自然也就小一些。其次，跪姿俑做蹲跪姿，重心在下，增强了稳定性。

人生漫长，变幻莫测。在阻碍重重的现实面前，要学会低

头，甚至是伏地而行，这样才能顺利跨越障碍，免受无谓的伤害。其实，暂时的低头并不意味着自降人格，更不意味着放弃原则和自尊，而是一种充满艺术的处世方式，也是智慧的表现。一时的低头是为了长久地抬头，正如暂时的退让是为了更好地前进。

即使你认为自己满腹才华，也要学会低头。你的事业越大、地位越高，你就越要懂得"低头"。一个懂得谦虚恭敬的人，更能拉近与他人之间的距离，而且更能与他人进行良好的沟通与交流，也更容易让对方从心理上接受他。

我们平凡人要做到能高能低，实属不易。能懂得偶尔低头，已属不易。适时地蹲下，这是一种再跃起的预备。学会该低头时就低头，才能巧妙地穿过人生荆棘。它既是获取成功的一种策略，也是立身处世不可缺少的修养。

能力突出，也不必狂妄

在当今社会，张扬仿佛已经成为一种时尚。人们似乎做什么事情都希望引人注目、受人关注。做人需要露锋芒，在适当的场合显露一下，既有必要，也是应当。然而物极必反，过分外露自己的才华只会导致失败。才华犹如一把双刃剑，可以刺伤别人，也会刺伤自己。很多时候，锋芒太露会招致他人的嫉恨和陷害。

在这个世界上，才华出众却被排挤、打击的人随处可见。才华是一个人成功的基础，一个有才华的人能得到较多的表现机会。但若一个有才华的人过于炫耀自我，压制他人的表现空间，损害他人的利益，则必然会招致众人的一致嫉恨。如果到了这一步，他的前途和事业就非常危险了。所以，我们没有必要太张扬、锋芒毕露，那样只会影响自己事业的发展，甚至会招致不必要的伤害。

通过层层关卡后，小黄应聘到了某公司行政部门。他自我感觉非常好：自己学历高，沟通和工作能力都很强。

小黄每天工作起来风风火火，工作完成得也很出色，有时也会对领导的决策提出自己的看法。他还特别喜欢对外联络以及组织企业大型文体活动，与其他部门也混得很熟，可以说是在方方面面都很抢眼。

一次，行政总监召集行政部门开会。会议过程中，当总监问到企业年终大会活动的策划要点时，还没等主管发言，小黄就忍不住把自己的想法和盘托出，并说，这些想法已经和人事部门的负责人进行了交流……

还有一次，小黄了解到了某部门对行政管理条例的反馈信息，主管恰好不在。他就把意见直接告诉了行政总监，然后由行政总监传达给主管。主管接到总监信息后很恼火，责怪自己的助理没有及时将信息传达给他，小黄坐在一边不敢说话。

几个月后，领导宣布了人事任命，小黄没被留下。小黄听到这个消息后感到非常惊讶，他想不通自己为什么被炒了。

初入职场，在新人看来，努力把自己最优秀的一面展现出来是很有必要的。殊不知，太过锋芒毕露反而会给人留下激进的印象。过多地表现自我，也会造成某些潜在的被动和危险。在错综复杂的社会里，时机尚未成熟或环境不利于己时，刻意或者是无心地炫耀不仅会招致旁人的嫉恨，并且会被认为是轻浮。过早地暴露自己的实力，也会显露出自己的缺陷，导致自己在竞争中处于被动，最终被淘汰出局。

作为一个初入职场的人，尤其是一个有才华、有前途的人，你要学会隐藏自己。当你刚入职或刚调到一个新部门的时候，你要学会放低自己的姿态，先熟悉周围的人和环境，不要处处显示自己的能力。等到必要时刻再显示自己的能力，这样反倒会让人高看一眼，认为你是个"不简单"的人。多听、多学对于新人来说大有裨益。

所谓的"才华须隐"，不仅是一种生存方式，也是一种竞争手段。在名誉、利益面前，尽量不要表现得过于热衷，以免成为众人嫉妒、排挤的对象。即使有所追求，也应该含而不露，通过为人与处世的技巧赢得他人的认同。

（现在放低自己，以后才能走向高处）

人们常说"高不成，低不就"，这似乎已经成为如今部分大学生就业的困惑所在，也是职场中人常常会遇到的难题。"高不成"源于自身能力的不足或现有经验的不够，这是无可厚非的。我们可以通过学习提高自己各方面的能力。而"低不就"却是有些人心高气傲、对自身评价期许过高的表现。这种人往往大事想做却做不来，小事能做却不愿意做，所以干脆什么也不做，以致一事无成。

事实证明，如果想要获得成功，就必须从小事做起。要想"高成"，必须从"低就"开始。尤其在如今这个竞争激烈的社会中，"高不成，低要就"更具有现实的意义。它向我们道出了许多成功人士取得成功的秘密。"低就"并不是永远甘于在低处，而是在积累了一定的经验之后再往高处走，再去发展壮大。

在竞争激烈的社会中，想以高姿态来获取成功，得到的机遇会很有限。但如果能换一种方式，以低姿态进入，你就会发现这其中隐藏着许多希望。

如果想在社会上生存、发展，那么就要放低姿态。即放下你的学历、放下你的家庭背景、放下你的身份，然后做你认为值得做的事，走你认为值得走的路。这样才能闯出属于自己的一片天地来。

史蒂芬是哈佛大学机械制造专业的高材生，他曾应聘美国著名的维斯卡亚机械制造公司，结果被拒绝。于是，史蒂芬采取了一个特殊的策略——假装自己一无所长。他先找到公司人事部，提出愿意为公司无偿提供劳动力。于是公司分派他去打扫车间里的废铁屑。一年里，史蒂芬勤勤恳恳地重复着这份简单而劳累的工作。虽然他得到了老板及工人们的好感，但是仍然没有人想录用他。

20世纪90年代初，公司的许多订单纷纷被退回，理由均是产品质量问题。公司董事会为了挽救颓势，紧急召开会议商议对策。当会议进行了一大半仍毫无进展时，史蒂芬闯入会议室，提出要直接面见总经理。会议上，史蒂芬对这一问题出现的原因作了令人信服的解释，随后拿出了自己对产品的改造设计图。

总经理及董事会的董事见这个编外的清洁工如此精明在行，便询问他的背景以及现状。他们了解了情况后，史蒂芬当即被聘为公司负责生产技术问题的副总经理。

原来，史蒂芬在做清扫工时，利用清扫工可以到处走动的优势，细心观察了整个公司各部门的生产情况，并一一作了记录。由此发现了公司所存在的技术性问题并提出了解决的办法。他花了近一年的时间搞设计，获得了大量的统计数据，为最后一展才干奠定了基础。

史蒂芬的做法给我们以深刻的启示：要想"高成"，先要"低就"。低就并不意味着退缩，也不是畏惧。从某种角度来说，低就已经成为高成的必要条件，暂时的低就是在为前途积攒足够的能量。低就不仅可以使人积累工作中的经验、提高各方面的能力，还可以给他人表现才能的机会，这就为日后的成功打下了无比坚实的基础。可见，低就并不意味着胸无大志，也不是气馁的表现，而是一种迂回战术，是在坚持中等待突破。

身在职场，只有肯于低就，一步一个脚印地走好每一步，才能够真正地走向高处。低就会为你的职场晋升铺平道路。一步登天，只能是空想。唯有脚踏实地从小事做起，才能够一步步走向自己的未来。放下你那所谓的姿态才能提高你真正的身价，暂时的俯低终会促成未来的高就。

放低姿态，虚心求教能获得他人欣赏

　　古人云："海不辞其水，所以盛其大"。大海之所以能够容纳众多河流，是因为总能放低自己的位置，所以变得博大而精深。身处职场，我们需要成长，需要不断发挥自身的潜能去实现自我价值，而他人的经验及智慧又是我们不断向前、尽快实现自我价值的捷径。因此，我们要虚心地向别人学习，来提高和完善自己。无论怎样，都要找到值得学习的对象，并以开放的心态和受教的态度向这些人学习。

　　我们掌握知识技能的需求是无限的，而一个人的聪明才智是非常有限的。所以，你应该把自己的姿态放低些，多向别人学习。你可能才华横溢、工作能力卓越，但如果一味骄傲自满，就会故步自封。因此，不管能力如何，都应该时刻把自己的位置放低。这样才能博采众长、快速成长。

　　一天，青年宏志千里迢迢来到法门寺，向住持诉苦："我一心一意想学绘画，但许多人都是徒有虚名啊。我至今没有找到一个能令自己满意的老师！"

住持听了这番话，淡淡一笑说："老僧不懂绘画，最大的嗜好就是品茗饮茶，尤其喜爱那些造型流畅的古朴茶具。既然施主的画技不比那些名家逊色，就烦请施主为老僧画一个茶杯和一个茶壶吧。"宏志一口答应下来。于是他调了一砚浓墨，铺开宣纸。寥寥数笔，就画出了一个倾斜的水壶和一个造型典雅的茶杯。那水壶的壶嘴正徐徐吐出一脉茶水来，注入那茶杯中。宏志问住持："这幅画您满意吗？"住持微微一笑，摇了摇头。

住持说："你画得确实不错，只是把茶壶和茶杯放错位置了。应该是茶杯在上，茶壶在下。"宏志听了，笑着说："大师为何如此糊涂，哪有茶壶往茶杯里注水，而茶杯在上茶壶在下的？"住持听了，又微微一笑说："原来你懂得这个道理啊！你渴望自己的杯子里能注入那些丹青高手的香茗，但你总把自己的杯子放得比那些茶壶还要高，香茗怎么能注入你的杯子里呢？只有把自己放低，才能吸纳别人的智慧和经验！"

可见，人只有放低自己，才能够发现并把握积蓄能量的机会。身在职场，低调与否决定着我们的职场能量能否积蓄。当我们放低姿态时，就能够积蓄更多的职场能量。

人要想在学业上有所精进，不仅需要谦逊，还要有雅量。

要放下架子，不耻相师。常言说，处处留心皆学问。在生活中，我们身边有很多能力强的人，他们的言行举止都是我们应该注意观察和学习的。这就需要我们在为人处世时虚心向别人学习，以提高和完善自己。

越是有成就的人，态度越谦虚，只有那些浅薄、自以为有所成就的人才自视清高。即使一个人才能平平，如果能够放低姿态、虚怀若谷，也能提高自己的能力。要想改变自己的未来，就要放低姿态。一个懂得谦逊的人会赢得成功，一个放低姿态的人会不断进步。

在职业生涯中，想要得到更快、更有益的成长，就必须放低自己的姿态，抱着学习的态度去接受挑战。这样才能让自己有所成就。

第 06 章

三缄其口，人际交往中把握语言分寸很重要

说话要因地制宜，有些话绝对不能说

生活中，有些人看似伶牙俐齿，总是口若悬河，想什么就说什么。但其实他们说话完全不看是什么场合，总会无意间冒犯了他人，破坏了交际氛围。这是缺少场合意识的结果。

受特定场合的制约，有些话只能在特定场合说，换一个场合就不行。同样一句话，在这里说和在那里说也会产生不同的效果。因此，在人际交往中，说什么、怎么说，一定要考虑到场合、环境等因素，这样才有利于沟通。不顾及场合的心直口快是令人厌恶的。

小赵正在主持婚礼。新郎新娘在众人的簇拥下入席。盛满喜糖和糕点的金色塑料盘，由一个帮忙的小伙子端了上来。可就在小伙子把盘子放在喜桌上的时候，只听"咔嚓"一声，盘子破裂了。宾客们听到刺耳的声音，目光全部集中了过来。端盘子的小伙子吓了一跳，慌了神，脱口而出："怎么是个破货？"这句话就像一声惊雷，在场的人都真真切切地听到了，气氛一下子紧张起来。小赵见此情景灵机一动,高声说:"大喜、大喜。这叫作破旧立新、岁岁平安。"一句话使得本来十分紧张的气氛顿时变得轻松起来。

在一个喜庆吉祥的日子,由于说话人水平有限,致使欢乐喜庆的气氛一下子被破坏。如果不是主持人巧打圆场,场面将会多么尴尬。这提示我们,在庄重严肃的场合,说话应注意分寸。

有些人说话之所以容易惹恼人,并不是他们不会说话,而是他们场合意识淡薄。说话必须要讲究场合,不注意这点,而说一些不适宜场合、气氛、情境的话,往往会适得其反。对于这些人来说,当务之急在于加强场合意识,懂得不同场合对说话内容和方式的特定限制和要求,时时不忘视场合说话。

在和人沟通时,处于不同场合、不同时机,就应该以不同的方式说不同的话。这就需要我们对一些场合有正确的认识。

一般而言，说话的场合有以下几种：

1. 正式场合与非正式场合

在正式场合说话应严肃认真，事先要有所准备，不能毫无逻辑。在非正式场合，则可以随意一些，像聊家常一样说话。这有利于促进感情交流，谈深谈透。

2. 自己人场合和外人场合

我国传统文化讲究对"自己人"可以无话不说。"自己人"指的是亲戚、朋友等关系比较近的人，在他们面前，即使说些出格的话，也都能被包涵。而在外人面前，则应小心谨慎。遵循内外有别的原则说话，是很有必要的。违反这一原则，便会被认为是"乱放炮"。

3. 喜庆场合与悲痛场合

一般来说，说话应与场合中的气氛相符合。常言道："人逢喜事精神爽。"在他人喜事临门时，我们上门与其交谈，对方会热情相符，乐意接受你的话。而在对方心情不好时，你说什么话对方都听不进去，反而会认为你这个人太不懂事了。

4. 适宜多说的场合与适宜少说的场合

对方很忙，时间很紧，说话就得简明扼要。如果跟他长篇大论，啰啰唆唆，主观愿望虽是好的，但一定会引起对方反感，甚至会被对方下逐客令。

说话看场合，是做人成熟的表现。同时，它也是一种自我保护手段。视场合不同说话是一种可以变通的说话方式，要求你看清所在的环境，再选择说什么话，这样你才能成为一个受人欢迎的说话"高手"。

开玩笑也要把握分寸

有人说：玩笑是生活中的"清醒剂"和"润滑剂"。因为有了玩笑，生活才变得有趣和生动。工作场合，朋友之间相互开个善意的、恰当的玩笑，可以调节、活跃气氛，缓解紧张生活带来的压力，增进彼此间的感情。但开玩笑一定要把握好分寸，不能太过火。否则会引出许多的麻烦，更会使原本深厚的友谊顷刻破裂。

开玩笑原本是一件好事，恰到好处的玩笑可以让大家开怀一笑，拉近彼此之间的距离。但如果把握不好开玩笑的分寸，就会适得其反。即使偶然开个玩笑，也不能过于随便，应注意以下四个问题：

1. 有些人不能开玩笑

每个人的性格都是不一样的。有些人喜欢开玩笑，你越跟他开玩笑，他越觉得你把他当朋友。和这样的人可以适当开开玩笑。有些人则正好相反，天生严肃认真、不苟言笑，说笑稍微过了头他就会当真。所以，你最好不要和他开过火的玩笑，万一他没笑，反而较真起来，就麻烦了。

2. 把握好玩笑的内容

不能拿人的缺点开玩笑，不要以为你很熟悉对方就可以随意取笑对方，这样会伤及对方的人格和尊严，违背开玩笑的初衷。生活中，不是对任何事或任何人都可以开玩笑的。凡是有损他人形象、触及他人缺陷、侵犯他人隐私的玩笑都是不应该开的。所以，开玩笑的前提是了解对方，千万不要随意开玩笑。

3. 分清楚时机和场合

开玩笑时一定要注意场合。要弄清楚自己此时该不该说，如果拿不准，最好别说。有些人平时很爱开玩笑，但是在特定的时期，如生活上、工作上、感情上遇到了挫折时，你和他开玩笑就会使其恼火。还有一些场合本身就不适于开玩笑，如庄重严肃的场合。还有某些特定的时期，如发生某种灾难了，大家的心情都很悲伤，此时也不适合开玩笑。

4. 考虑到彼此间的关系

开玩笑时要考虑自己的身份地位和对方的身份地位以及双

方间的亲疏关系。玩笑一般宜在平辈、同级、熟悉者之间开。与异性、长辈、领导或初识者相处时,最好别开玩笑,否则容易得罪人,使自己陷入窘境。

总之,在开玩笑之前,一定要设身处地地考虑一下对方的感受。如果你肯定对方会和你一样开心,不妨说出来大家一起分享快乐;如果你觉得对方会生气或者伤心,还是免开尊口。这样,大家才能笑口常开。

三思而后言,不可信口开河

身在职场,学会言之有物、言之有"度"是重要的原则。每个人都应该给自己的嘴上加把锁,防止说话时不留分寸。把不好口风，很容易给自己带来灾祸。

一个人若总是滔滔不绝地说话，说得多了，言语中自然而然会暴露出许多问题。例如，你对事物的态度，你对他人的看法，你今后的打算等，若这些被他人了解、闲传，就容易造成误解、隔阂，甚至形成仇恨。总是对身边的人和事评头论足，容易惹怒他人，以致埋下灾祸的隐患。今天道东家长，明天说西家短，这种缺少修养的言谈，很容易遭到报复。

隋朝名将贺敦立有大功。但他因为对朝廷赏赐不公而心怀不满，便口出怨言，结果被权臣宇文护报告给皇上，皇上令其自杀。临死前，他叫来儿子贺若弼说："我因口舌而死，你不能不记住！"

贺若弼开始还能记住，经常以"遇事三缄其口"来提醒自己。可随着他功劳日大、地位日高，便把父亲的告诫忘到脑后去了。同父亲一样，他也因对朝廷封官不满而大发牢骚，结果被免去了官职。但他不接受教训，反而怨言更多，于是被逮捕下狱，继而被处以死刑，重蹈了父亲的覆辙。

职场是最容易滋生是非的地方，千万不能信口开河，否则容易惹祸上身。传递小道消息，谈论东家长西家短，乐于神侃吹牛，这些都不是好习惯。这些习惯若不及早纠正革除，终有一天，你会自食苦果。我们身在职场，要尽量少说话，因为稍不注意就有可能自毁前程。

在人际交往中，我们有许多话要说。说什么、怎么说，什么话能说、什么话不能说，都应该有讲究。可以说，说话也是一种艺术。很多时候，有些人吃亏就是因为没能管住自己的嘴巴。

我们常说"三思而后行"，实际上，在和人交流的过程中，同样要做到"三思而后说"。少说，并不是让我们不说，而是让我们说该说的，恰如其分地说，绝不可胡说、乱说。《论语》里说："君子欲讷于言而敏于行。"身在职场，如果你不能够确定自己要说的话对人、对事是有益无害还是利多害少，那就不如不说。有的人说话常常不加思考，只顾着自己把话说完，而忽略了"听者"闻后所想，结果无意中得罪了别人，却浑然不自知。有时候，说话欠考虑会给我们造成难以挽回的损失。

除了不搬弄是非外，很多时候我们也需要闭口不言，不抱怨。抱怨对你的工作没有帮助，还有可能将你送上绝路。不要抱怨，也不要去干预别人的抱怨，少说或不说有可能危及到自己的话，不要轻易冒险。

在该沉默的时候闭上嘴巴，是智慧的一种体现。少说多做，正是聪明人的表现。如果能够做到少说多做，那你一定会收获更多。

喜欢揭短之人，只会令人生厌

俗话说，当着"矮子"别说"短话"。每个人都会有缺陷和弱点，这也许是生理上的，也许是隐藏在内心不堪回首的经历。我们切勿拿对方的缺陷来开玩笑，因为对任何人来说，被击中痛处都会引起不快。

正所谓"说者无意，听者有心"。如果在交谈中不了解、不尊重对方，有意或无意触动了对方的一些缺憾、隐私、伤疤等，轻则会使交谈话不投机、不欢而散；重则会令对方动怒变脸，甚至招致祸害。

人们之所以有忌讳，怕别人揭自己的短处，说到底是自尊心问题。所以，你如果想获得朋友，就一定不能触碰他们的忌讳之处。说话要给人留面子，不要揭人的短处，免得对方由多心变得伤心，继而对你失去好感。

小美长得很胖，吃了很多减肥药也不见效。她心里很苦恼，最怕别人说她胖。有一天，她的同事小娜对她说："你吃了什么呀，像气儿吹的似的。才几天工夫，又胖了一圈儿。"小美立马恼羞成怒："我胖碍着你什么了？不吃你，不喝你，你真是多管闲事呀！"小娜顿时尴尬极了。

案例中，小娜明知胖是对方的短处，还要去揭，这自然犯了对方的忌讳，招致对方的憎恶也就不足为怪了。

我们不仅应避免谈论别人的忌讳之处，同时也应注意不要提及与其忌讳之处相关联的事物，以免造成对方的误会，使其自尊心受到无谓的伤害。那么，该怎样避讳呢？

1. 深入了解交往对象的长短处

深入了解你所交往的对象，无论他的优缺点，或是长短处，你都要做到心中有数，这样才能谨慎地避开对方的忌讳之物，以免触痛对方。

2. 婉辞相代，不使人过于难堪

有时，若无法避开交谈对象的忌讳之物，则不妨以婉辞相代，尽量不使人过于难堪。例如，小刘因择偶屡屡受挫而灰心丧气，而你有意为他牵线搭桥。"假如你还没有找到对象，我可以为你介绍。"如此直言相告必定犯其忌讳，令对方不太高兴。"假如您对个人问题还没有考虑成熟，我愿意提供一位较合适的人选。您意下如何？"这样以婉辞相代，使对方产生"主动权在我手中"之感，有关介绍对象的交谈就能顺利进行。

3. 用巧妙的语言岔开话题

说话再谨慎的人也难免有冒犯别人忌讳之时。如果突然发觉自己因失言而冒犯了别人，该怎么办？这时，切忌慌乱之中急着说明。因为，越想说明，结果必定越说不明，以致弄巧成拙。最明智的做法是用巧妙的语言岔开话题，使双方及时从困境中脱离出来。

总之，在别人面前不妨多说些好听的话。尤其是当着那些有短处的人，更要专门找"长话"来说。毫不吝啬地赞扬对方的长处和优点，巧妙地化解对方的心结。这样，谈话才会投机，人际关系才会和谐融洽。

嘲笑他人，其实也贬低了自己

生活中，有些人总喜欢嘲笑别人、随意贬低别人，觉得别人什么都不好。其实，贬低嘲笑别人的程度越深说明其内心越虚荣、越自卑。越自卑的人往往嘴巴越厉害，为了防止别人说自己，所以自己先说了，让别人无从下口。

为了引起别人的注意和重视，一味地贬低别人，只会让人心生厌恶。所以，在与人交往的过程中，要善于表现自己，但不要用贬低别人的方法来抬高自己。

小肖结婚几个月了。她一直觉得丈夫各方面都十分优秀，只是喜欢嘲笑别人、贬低别人。尤其是如果有人在他面前说××比较优秀，他一定会嘲笑说，××其实有种种缺点。丈夫开车的时候，如果前面的车启动稍微慢点，他就会说人家"愚蠢"。一天，他去理财顾问那里想换一种基金，咨询的时候他说："我可不想被类似麦道夫的人骗啊！"可他开户的银行是一个特别大的银行，根本不存在"麦道夫骗局"的问题。后来他跟小肖说，他其实也不是这个意思，但是理财顾问的脸色马上变得阴沉了。

小肖见丈夫愿意跟她说这方面的想法，就引导他说，下次碰到这种情况，你可以说"虽然过去两年这个基金收益率不错，但是我的心理素质好，可以承担更多风险。我想持有高风险高收益的基金，你有什么推荐的品种吗？"

在小肖的引导下，丈夫有所改变。学会在说话之前先思考，如果对方不愿意听，就不说，不再以嘲笑别人来显示自己了。

生活中，我们身边总是存在一些喜欢嘲笑、贬低别人的人，这是由于他们的修养还不够。也许他们身上也有值得学习

的地方，但这样的人最需要提高自己的修养，改掉自己的缺点，避免这样的不良品性在自己身上出现。

我们在社交中适当表现自己是可以的，但是不可清高自负、贬低别人。有些人总认为自己高人一等，事事都比别人强。因此，他们喜欢把得意挂在嘴上，无所顾忌地嘲笑别人，完全不顾及别人的感受，总以为这样就能得到别人的敬佩与欣赏。事实上，这样做往往适得其反。在人际交往中，我们的一言一行都要考虑对方的感受，要学会安抚对方的心灵，不可使对方心理失去平衡，给对方造成伤害。

人有一定的表现欲是无可厚非的，但那些时时、处处、事事都想出头露面、置他人处境于不顾，甚至以贬低他人来抬高自己的人，最终非但不能抬高自己，反而会让人看低。

社交中，要避免大谈自己的得意之事，过分突出自己。切勿使其他人心理失衡，产生不快，否则便会影响相互之间的关系。随意自夸、口无遮拦几乎是骄傲自满者的通病。这种致命的弱点不仅暴露了自己的内心情感和意图，而且会使很多人心怀不满或恼恨不已。试想，如果别人的不舒服是因你而出现的，你还会得到好处吗？

表现自己是人的天性，不当众说话是不可能的。但同样是说话，不妨说得艺术一点。至少，在未弄懂别人的意思之前，先不要自己开口。聪明的人总是先倾听对方发表得意之事,并给予衷心的赞赏,然后若无其事地穿插自己的得意之事,这样效果就会好得多。

第07章

步步为营，让自己实现从弱者到强者的蜕变

遭遇恶意攻击时，展现出你的强硬态度

在人际交往中，有些人总是时刻表现出一种傲气。他们自恃权力、地位、学识等方面的优势，对他人不屑一顾，有的甚至恶意地侮辱、攻击他人。当这种人的行为给我们带来不愉快或者严重的伤害时，我们必须予以抵制，不能任其恶性发展。

当你处在难题或者窘迫中时，总的原则是明辨事理、言语得体。若你一味退缩，则会使对方觉得你软弱可欺，于是变本加厉地嘲弄你。这时你要做的就是勇于反击，使对方自陷难堪、哑口无言。

有时，出于处世需要，即便本来并不恶的人也要故意装"恶"来保护自己。有时，面对对方的野蛮粗俗和无理冲撞，必须以"恶"碰恶，据理力争，绝不能迁就软弱。对付蛮横无理的人，正气凛然、咄咄逼人的话语具有非凡的效果。在说服不讲理的人时，若你畏畏缩缩、不敢和人针锋相对，他就不会把你的意见当成一回事。要是你此时还是一副老实相，看上去毫无保护自己的能力，恐怕就会被人欺负。但是，一旦你"恶"起来，效果也许就不一样了。仅凭一副"恶"相就会使那些欲行不轨者退避三分。

现实生活中，有些人自视高人一等。什么道德规范，甚至法律法规统统不放在眼里，张狂放肆、为所欲为。面对这种人的威胁，你千万不要被其嚣张气焰所吓倒。只要看准软肋、抓住要害，坚决反击，是可以把对方的气势压下去的。

在社会交往中，对恶意进犯的人，自不必拼个两败俱伤，打草惊蛇就可以自卫。对那些粗鲁冒犯你的人，有时只须敲山震虎即可。但当对方得寸进尺、步步紧逼时，你不妨摆出一副"鱼死网破"的架势。这样他就不得不考虑一下后果，收敛自己的行为。所以，在遇到恶人的时候，你不妨以"恶"碰恶，摆出"鱼死网破"的架势对付他。

避让光彩，甘当配角

人生如戏。在人生的舞台上，人人都有机会当主角，但也有必须演配角的时候。潮起潮落，自有规律。你不必为自己一时的辉煌骄傲不已，也不必为今日的风光不再长吁短叹。

小耿工作非常努力，也很有才干，在单位人缘很好。大家都知道他想当科长，同时也都认为他具备当科长的能力。后来他真的被提升了，大家都替他高兴，也希望他能更上一层楼。可是，一年后，他被调到别的部门当副职了。据说，得知消息之后，他锁上办公室的门，一整天都没有出来。大概是因为难忍失去舞台的落寞，他日渐消沉，后来变为一个愤世嫉俗的人，再也没有升迁过。

由主角变成配角的难过之情是可以理解的。这种落差轻则让人郁郁寡欢，重则让人痛不欲生。这时请你不要悲叹时运不济，也不要用昂贵的代价去争取，争得不好，恐怕会人财两空、元气大伤。你需要做的只是心平气和地扮演好"配角"的角色，向别人证明你的能力。如果实在当不了主角，我们就心甘情愿地当配角。其实配角也是一个不错的选择。

现实生活中，并非人人都能当主角。生活中很多时候要求我们甘当配角。当我们从事一项工作时，要有足够的心理准备做好配角。这是一种忍耐的态度、一种合作的态度。只有当好配角，才能从主角那里学到更多东西。没有人生下来就是"主角"，即使扮演普通的"配角"，我们也要用心演得出色。

很多成就不凡的人都从事过普通的、最底层的工作。但他们和一般人不同的是：他们珍惜每一个工作的机遇，从不抱怨自己的工作平凡，而是认真做好每一件事，最终通过努力来证明自己的价值，让他人看到自己优秀的一面。机会永远只偏爱有准备的人。对于我们而言，缺乏的不是机会，而是蓄势的远见与忍受平淡的耐力。

职场竞赛，比的是耐力和信念。这是一场长跑，短暂的热情和速度无法使你获得最终的胜利。因此，在进入职场后，你需要不断提升忍耐力。作为职场新人，我们要甘当配角，以求充实自己，应该认清自己在工作环境中所扮演的角色以及这个角色的性质、职责范围等。只有这样，我们才能尽心尽力地扮好自己的角色。

经不住忍耐的考验，我们的人生将会是一片苍白。所以，不论是钻研知识、学习技能还是追求成功，我们都要从甘当配角开始，逐步累积汲取养分，进而培养出扎实的能力，让自己迈出的每一步都留下绝对坚实的足印。

实力不佳时，忍辱负重积极向前

俗语说："人在屋檐下，不得不低头。"这就是说，人在身处弱势、力量不如别人的时候，不得不低头退让。这句话，可以说洞彻了世事人情，非常有智慧。然而，仔细品味这句话的后半句，我们会发现"不得不"一词里隐含着太多的勉强和无奈，这是一种消极的、不情愿的低头，既然是勉强和不情愿的，就难免流露出不满的情绪，这种不满如果让对方看到，很可能会影响办事的效率。因而，我们要把这句俗语改成"人在屋檐下，一定要低头"。把"不得不"改成"一定要"，意思是说，在权势和力量不如对方的时候，人要积极主动地低下头，变消极为积极，变不情愿为心甘情愿。

"一定要低头"是为了让自己与当时的环境形成和谐的关系，把二者的摩擦降到最低；是为了保存自己的能量，以便走更远；更是为了把不利的环境转化成有利的力量。这是一种柔软、一种灵活，更是高明的生存智慧。

1076年，德意志罗马帝国皇帝亨利与教皇格里高利争权夺利，斗争日益激烈，发展到了势不两立的地步。教皇的号召力非常大。一时间德国内外反抗亨利的力量声势震天。亨利面对危局，被迫妥协，于1077年1月身穿破衣，只带着两个随从，千里迢迢前往罗马，向教皇认罪忏悔。

但格里高利故意不予以理睬，在亨利到达之前躲到了远离罗马的卡诺莎行宫。亨利没有办法，只好又前往卡诺莎去拜见教皇。在卡诺莎，教皇紧闭城堡大门，不让亨利进来。亨利忍辱含垢，一直在雪地里跪了三天三夜，教皇才开门相迎，饶恕了他。

亨利恢复教籍、保住王位后返回德国，集中精力整治内部，然后派兵把封建主各个击破，并剥夺了他们的爵位和封邑，把一度曾危及他王位的内部反对势力逐一消灭。在阵脚稳固之后，他随即发兵进攻罗马。在亨利的强兵利刃面前，格里高利弃城逃跑，最后客死他乡。

能成大事的人往往懂得见机行事。在自己力量尚不足时，为了防止别人干扰、阻挠、破坏自己的行动计划，会故意制造低头的假象。虽然他的表面上有许多退却忍让，却更显示出忍辱负重的内在精神力量。这种策略，由于其极大的隐蔽性和极强的实效性，往往能攻其不备、出奇制胜，取得事半功倍的效果。

所以，当碰到对自己不利的人或环境时，千万别认为"士可杀不可辱"，也千万别逞血气之勇。要知道，虽说敢于碰硬不失为一种壮举，可是胳膊拧不过大腿。硬要拿着鸡蛋去与石头斗狠，只能导致无谓的牺牲。

如果你碰到的是个有实力的强者，而且他的实力明显大于你，那么你不必为了面子或意气而与他争强。因为一旦硬碰硬，你固然也有可能击退对方，但自己落败的可能性更大。因此不妨暂时示弱，以化解对方的戒心。示弱也有让对方摸不清虚实、降低对方攻击有效性的作用。一旦攻击失效，他便有可能收手，而你则获得了生存的空间，并反转双方态势，他便再也不敢随便动你。

当客观环境对你不利或当你处于弱势时，只有忍辱负重、能屈能伸，才能摆脱困境、走向成功。其实，"屈"不是屈服，也不是逆来顺受，而是一种聪明的变通，是等待时机。一旦时机成熟，便一跃而起，就有如水底的潜龙腾空而起。这样才能充分施展才干、创建功业。

适时发怒，展现你的威严

有句古话说得好："气血之怒不可有，理义之怒不可无。"这就是说，人不应当意气用事、随便发怒，但为大义真理而动的怒则是必不可少的。理义之怒的积极作用就在于它以愤怒、严厉的措辞，来表达自己鲜明的态度和公正的立场。它有很强的刺激性和震撼力，能给对方施加积极的心理影响，进而迫使对方改变行为模式。因此，其特有的交际价值是不应被否定和忽略的，如果运用得当，会收到意想不到的交际效果。

人在职场，磕磕碰碰的事总是难免，处理不好就会进退两难。懦弱者遇事往往保持沉默的态度，从不轻易地发脾气动怒，所以在职场上经常吃亏或受人刁难。

沉默是金。不过，若总是沉默，不是生性如此，就是懦弱无能。必要时，发点儿火，还真能显示出强者的风范。须知人没有威严是不行的。有人说："没有愤怒的人生是一种残缺。"当尊严被践踏、信仰被玷污，没有人可以一忍再忍。对于向你挑战的人，应该先硬还是先软，则要因事、因时、因人而异。

适度适时发火是必要的，特别是涉及原则性问题或在公开场合遭遇难堪时，必须以发火压住对方。对待有些人，如果一开始就软弱，他必然认为你好欺负，而对你更加强硬；但如果你硬到底，让他下不来台，你也会很尴尬。真正聪明的人，应该红脸白脸都会唱，适时发怒并且懂得及时善后。

义愤之言毕竟是情绪激动状态下脱口而出的。如果不善于控制，任其发泄，就会起到反面作用。因此，我们要善于发出

积极的怒言，并表现出极大的理智上的克制。这种克制体现在以下三方面：

1. 发怒的状态要适度

不可"怒发冲冠"，不能"怒不可遏"，而应"怒不失态"，恰到好处。

2. 怒言谈吐有分寸

盛怒之下，语调难免变高，但注意不要挖苦揭短、侮辱人格。不宜把话说过头，不能把事做绝，而要注意留下感情补偿的余地。

3. 发火之后，及时善后

"怒"到一定程度，就要适时地消火降温，转换口气，缓和气氛。不能"得理不让人"，一怒到底。如果任由怒火蔓延，一怒而不可收，即使你的初衷再好，恐怕也会把事情搞糟。

第 08 章

伙伴关系，在共事中巧妙地赢得他人支持

有凝聚力的团队才具有核心竞争力

在当今职场中，人们在利益面前很容易产生分歧，不能达成一致，不能相互配合，反而相互拆台，以致不能形成合力。这些问题如果解决不好，团队内的成员就不会协调一致地行动，甚至会产生内耗。而解决这些问题的着眼点就是团队精神。一个团队没有团队精神，就像一盘散沙，凌乱散碎，毫无生命力，更毫无战斗力可言。

一盘散沙，难以起到多大的作用；如果建筑工人把它搅拌在水泥中，它就能成为建造高楼大厦的材料。单个人犹如沙粒，只有融入团队，才会发生意想不到的变化，成为对整体有用的人才。

一个人的能力始终有限，每个团队成员都必须提高自己的团队合作意识。这样，整个团队才能发挥出整体的功效，更好地去完成任务。

在广阔的草原上，下过一场大雪之后，大地上白茫茫一片,许多动物早已进入了冬眠。可是,狼群却必须消耗它们的体力出去寻找食物。它们往往会经过一两天的奔波却一无所获。如果它们不尽量地保存自己的体力,那么连续的劳累再加上饥饿和严寒的折磨,很可能会使他们丢掉性命。

聪明的狼群在这时最常使用的方法是"纵队排列",也就是一匹狼紧接着另一匹狼的长列队伍。单一纵队的第一匹狼,往往扮演着开路先锋的角色。它会消耗极大的体能,推开眼前柔软却无边的雪堆,为接下来通过的狼节省体力。当纵队的第一匹狼疲累之后,它会移往队伍旁侧,并让下一匹狼担任开路先锋的任务。它们不断地替换开路先锋,让狼群的捕猎队伍成员尽可能少地耗费体能,尽可能多地保留体力以应对随时出现的狩猎挑战。

每个狼群都是一个优秀的合唱团。当狼在一起嚎叫时,仿佛在宣告:"我们是一个整体,但是每个都与众不同。"正是狼群的合作精神让它们长存于世。

没有哪一种力量会比团队所爆发出来的力量更强大。而要产生这种力量,就需要团队中的每一位成员都齐心合力、协同作战。

一只蚂蚁微不足道,但成千上万只蚂蚁力量巨大。可见团结就是力量。在一个团队中,合作是团队发展的基础,不懂得合作，就会自设障碍，无法前进。

假如鸟的双翼少了一只，那么它不是飞行速度变慢，而是根本无法飞翔；假如火车铁轨少了一根，那么火车不是运行速度减半，而是寸步难行。

团队合作是达成目标的必经之路，是实现工作高效能的最好方式。没有合作的团队就像一盘散沙，而团队执行需要的则是一块铁板。所以我们应学会合作，从而将"散沙"变成"铁板"。

不完美的成员，能成就优秀的团队

被誉为"团队角色理论之父"的英国心理学博士贝尔宾认为：没有完美的个人，只有完美的团队。如果只强调个人的力量，你的内在再完美，也很难有机会表现出来，更别说创造多高的价值了。所以说，"没有完美的个人，只有完美的团队"这一观点正在被越来越多的人所认可。

在团队中，某些个人或许会起到重要的作用，但个人英雄主义是一定要杜绝的。球队获胜的关键在于成员之间的配合和默契，而不是仅仅依靠一两个所谓的"明星"球员的精彩发挥。团队如果想走得长远，就一定要注重成员之间的平衡，而不能只关注某一个成员的才华和技巧。作为团队的一员，如果个体只想着展现自己的实力，而没有整体意识和大局观，就不能更好地服务于整个团队。

美国著名的管理学家马克斯韦尔曾在他的书中这样写道："世界杯中大部分甚至全部打进的球、好看的球，都是配合的结果，都是团队协作的结果。即使是最有名的球星也需要打配合。"

没有完美的个人，只有完美的团队。团队中的任何一个角色都不会是完美无缺的，每个人都有优点和缺点，都有优势和不足。只有互相结合、互补、相融，才能形成完美的团队。团队精神是推动企业发展的横向动力，个人工作能力是推动企业发展的纵向动力。团队造就个人，个人成就团队。

在工作中，无论是为了个体的生存，还是为了实现人生的价值，我们都应该坚持团队合作。单打独斗的时代已经过去，合作才能铸就成功。一个人只有融入团队、具备团队精神，才会有生命力和战斗力。

一滴水，只有融入大海才不会干涸；一个人，只有全身心地融入到团队中去，让自己成为团队的一部分，才能最大限度地实现自身的价值。从来就没有完美的个人，只有完美的团队。每个人都应昂扬奋发，融入团队，做大海中那一滴永不干涸的水！

形成自己的优势，为团队添砖加瓦

在任何一个团队中，既然存在角色的差异，那么就必然存在分工的不同。工作有很多中间环节，需要彼此间协调。有些人在做某项工作时往往只偏重于自己所应完成的部分，而把其他部分推给相关部门与岗位后便听之任之了。这种人缺乏团队精神，更多关注的是"我自己"，而不是"我们"。

有的人不愿与人合作，其原因就在于他的自我意识太强。

心中只有一个大写的"我"字，缺乏"我们"这个共同的概念。这一缺陷体现到工作上，便是"我"字当头。只顾及自己的利益，只考虑自己的感受，只追求自己的表现，而较少考虑他人如何、团队如何。

小袁曾在美国留学。毕业后，应聘到一家大公司当总经理助理。一次，该公司下属的一家分公司的产品质量出现了问题，小袁向总经理汇报说："他们分公司的产品质量出现了问题，引起顾客投诉。我认为……"

还没等他把话说完，总经理就皱着眉头质问道："你说什么？"

小袁不明白是怎么回事，于是又将刚才的话重复了一遍。

总经理很不高兴地说："你说他们分公司，那你是谁？"

小袁一下子意识到自己的失误，马上纠正说："对不起。我们分公司的产品质量出了问题……"

当一个人说"我们"时，透露的是患难同当、荣辱与共的信息；而当一个人说"我"时，透露的是置身事外的信息。很显然，"我们"更有亲和力。企业管理专家阿瑟·卡维特·罗伯特斯曾说："优异的成绩都是通过相互配合的接力赛取得的。团队成员必须关注整个团队的利益而非自己的利益。要善于传出接力棒，而不是单枪匹马独自完成整场比赛。"

具有独立个性的人，必须融入群体中去，才能促进自身的发展。作为企业的一员，我们应自觉地找到自己在团队中的位置，自觉地服从团队运作的需要，依靠团队资源去发挥个人才能，与其他团队成员一起努力去创造奇迹。当你成为团队中的一员时，"我"就变成了"我们"。你必须舍弃部分的自我，这样整个团队才能在最短的时间内完成最优秀的任务，这样自己才能变得更加强大。

具有团队精神的集体，可以取得个人无法取得的成就。对于团队中的每一个人而言，没有你我，只有我们。所有人都要朝着同一个目标前进，为团队做出力所能及的贡献。当团队获得荣誉和成就时，每一个为之付出过的成员，也将最大限度地实现自身的价值。

我们应该有"功成不必在我，功成必定有我"的信念，如此，大家才会全力以赴。无论工作是复杂还是简单，都需要团队成员支持、配合。可以说，任何事业的成功，都是团队成员努力工作、无私奉献的结果。

因此，在工作过程中，我们心中想到的应是"我们"，而不是"我"。当自己的独立意识转变为团队精神后，我们就会对团队奉献更多，从而也得到更多。

选择合作，单打独斗根本行不通

职场中并不缺少有能力的人，但每个企业真正需要的是既有能力又有团队精神的人。所谓团队精神，简单地说就是大局意识、协作精神和服务精神的集中体现。团队精神的核心是协同合作。

合作是一种精神，更是一种借助别人的力量使自己成长的智慧。个人的力量和智慧是微不足道的，即使是天才也需要他人的协助，相互配合才是高效工作的根本。只有合作才能够生存，才能求得发展。

每年的秋季，大雁在头雁的带领下，由北向南以"V"字形进行长途迁徙。大雁在飞行时，会保持"V"字形基本不变，但头雁是经常替换的。头雁对雁群的飞行起着很大的作用。头雁在前开路，它猛烈地扇动翅膀，其翅膀下方会形成一个相对真空的环境，跟在它后边的那只大雁就会利用这个位置，这样，其飞行的阻力就小了。跟在后边的大雁，则会相继借助同样的力量。这样一来，前面的大雁就给后面的大雁营造了一种环境，使得它们在飞翔过程中要克服的阻力比原来单飞的时候小得多。而且，在雁阵中领头雁是来回交换的，当领头雁累了，下一只雁就会马上前来接替。

科学家的风动实验表明，当雁阵成群往前飞的时候，飞行速度可达到单只大雁飞行速度的1.71倍。可见，经过组合的雁阵，飞行效率要比单只雁飞行高得多。

当大雁扇动双翼时，尾随的同伴就可以借力飞行。由此可知，拥有共同奋进目标的人一起努力，可以更加迅速地到达目的地。人们在工作过程中互相帮助、扶持，就能发挥出"1+1＞2"的工作效果。

职场中，我们应重视团队的力量，懂得"1+1＞2"的道理。或许你是"天才"，凭借自己的能力可以获得一定的成就。但如果你懂得把自己的能力与他人的能力相结合，定然会取得更大的成就。对于团队中的成员来说，要互相支持不拆台、互相尊重不发难、互相配合不推诿，这样才能使整个团队在思想上同心、目标上同向、行动上同步，团队中的个人才能用团队的智慧和力量去解决面临的各种困难和问题，从而为自己的成长打下基础。

合作具有无限的潜力，因为它团结的是大家的智慧和力量。竞争的所得是有限的，因为它激发的是个人或少数人的力量。团队需要精诚合作，需要大家在共同的大目标下努力把事情做好。只有这样，团队才能进步，团队中的个人才能得到更好的发展。

团队力量并不完全取决于群体中个体数量的多少。组织内的成员如果不能协调一致地行动，就很容易产生内耗。这样一来，必然无法产生整体大于部分之和的协同效应。

为此，作为团队的一员，个人只有培养团队精神，增强自身实力，才能跟上团队的步伐，和团队一起前进、发展。每个成员只有最大限度地发挥自己的潜力，才能令团队更好地发挥整体力量，产生整体大于各部分之和的协同效应。

团队合作，最忌搞个人主义

什么样的团队最有战斗力？答案是：团结的团队。团结就是力量。任何情况下，单枪匹马都无法顺利完成目标。固执己见、个人主义是成功的大敌。团结的团队才会有统一的行动力，有统一的行动力才可能获得高效率，才能使企业进一步发展。

每个个体都是团队重要的一部分，缺一不可。同时，个体必须服从于整个团队，关键时刻应不惜牺牲个体以保存团队。

现今的工作大都实现了程序化，每一个人都有各自不同的领域，学会与他人互相配合，是每一个员工必备的素质。如今，越来越多的公司把是否具有团队协作精神作为招聘人才的重要标准。工作能力强、具有团队协作精神的员工，是公司高薪留用的对象；而一个不肯合作的人，势必会遭到公司的拒绝。

一个缺乏团队意识、不懂得互助和协作的员工，即使有着超强的能力，也难以在工作中更好地发挥出自己的优势，甚至难以在职场中立足。抛弃了团队精神，就意味着抛弃了更好地实现自身价值的机会，团队固然要为此承担风险，但损失最大的无疑是你自己。

小王是一家公司的经理，他曾经举过这样一个例子：小陶是他公司的一名员工，不仅拥有高学历，而且在工作上取得了很好的成绩。按照他的才能，早就应该晋升到更高的职位。但事实上，他却一直停留在原位。

原来，小陶做事喜欢独来独往，不能和其他同事融洽地相处。当同事需要协助时，他不是拒绝就是敷衍。而他也很少向其他同事求助，宁可事事都自己做。

遗憾的是，小陶并没有意识到自己的问题，反而认为自己的才华没有得到上级的足够重视。终于有一天，公司经研究决定将他辞退。他不解地问："经理，如果我离开公司，你难道一点都不痛心吗？"

小王回答说："我当然会痛心，因为我将失去一个有能力的下属。但是，你会伤害到我的团队，我必须让你离开。"

小陶之所以没有得到重用，不是因为他没有能力，而是因为他没有团队意识。现在的企业越来越重视团队的力量，当管理者觉得某一个人会影响整个团队时，即使他的个人能力再突出，也只好忍痛割爱。

个人的所有工作都应该以实现团队的目标为中心。要形成强大的合力，就要团队上下齐心协力、同舟共济，心往一处想、劲往一处使，拧成一股绳，朝着同一个目标努力。这样的合力才能产生所向无敌的竞争力。

　　然而，在工作中，很多人难免会有自己的想法，考虑自己的利益，担心自己的前途。但为了大局，这时必须学会让路。这种让路意味着以下三点：

1. 舍小我而保大我

当个人或部门的利益与大团队的利益发生冲突时，要舍弃自我。用一时的牺牲换得团队的胜利，最终自己也会因此受益。

2. 坚持求同存异原则

当个人的想法与团队的想法发生偏离时，应本着求同存异的原则，共同推进团队的工作。而不能一意孤行、固执己见。

3. 保证整体的进度

当个人和部门的工作与团队的目标不一致时，要迅速调整，以保证整体的进度。

一个高效的团体，必定是一个高度团结的团队。在团队面前，不仅要学会团队靠前、自我靠后，而且要避免"小自我"干扰"大团队"的情况出现。只有注重整体团队，才能打造优秀个人，创造卓越的业绩！

与人合作，能弥补自身不足

随着企业的发展，个人之间的交往日益频繁，人与人之间既存在着激烈的竞争，又存在着广泛的联系与合作。每个人的能力都有一定的限度，善于与人合作，能够弥补自己的不足，达到自己原本达不到的高度。

团结合作，永远是团队和个人发展的根本。合作是实现共赢的最好方法。因为每个人都有自己的长处，同时也有自己的不足。只有与人合作，用他人之长补自己之短，养成良好的合作习惯，才能更好地完善自己。

在人才队伍中，各种人才因素之间最好能形成相互补充的关系，包括才能互补、知识互补、性格互补、年龄互补等。随着现代科学技术的发展，很多研究项目都需要体现多边互补的原则。事实也反复证明，人才结构中的这种互补定律可以产生十分巨大的互补效应。

成功离不开合作。丹麦天文学家第谷用30年的时间精密观察行星的位置，积累了大量精确可靠的资料。但他不善于进行理论思考和科学整理，临终前，第谷将资料交给助手开普勒，并指引他按这些资料编制星表。第谷的精确观察和开普勒的深入研究相结合，终于使他们发现了行星运动三大定律，揭开了天体运动的秘密。

"凡事自己来"的想法是不可取的。成功之路漫长遥远，单靠个人的努力是远远不够的。要想快速到达成功的彼岸，就要学会与人合作。如今，科学知识已开始向纵深方向发展，谁也不可能成为百科全书式的人物。每个人都要借助他人的智慧完成自己的人生超越。

在这个竞争激烈的时代，职业分工越来越细，单靠一个人的力量是无法把工作做好的，所以我们要培养合作意识。如果能取人之长、补己之短，而且互惠互利，那么合作双方都能从中受益。

一个企业就是一个团队。团队成员之间的个性与能力互补，才能使团队成员弥补自身的不足，在工作中有所提高。一个人只要能够和其他人友好合作，他的事业之路就会越走越宽广。单打独斗也许可以逞一时之能，但只有学会与别人合作，才能长久地屹立于不败之地。哲学家威廉·詹姆士曾经说过："如果你能够使别人乐意和你合作，那么不论做任何事情，你都可以无往不胜。"

"合作"二字写起来简单,做起来却不易。想与人建立良好合作关系,我们必须从自身做起。只有具备真诚、付出、包容等品质,他人才会愿意与你合作,你才能获得更大的力量,争取到更大的成功。

第 09 章

善于倾听，倾听是对他人表达关注的最好方式

听出他人话语间的批评并努力提升自我

生活中,一个人无论多么优秀,也总会存在一些这样或那样的缺点。因此,被他人指责批评是很平常的事情,关键要看我们怎样对待批评。

人在职场,被批评是最窝火不过的事——批评对了,也有满腹委屈;批评错了,更是怒火万丈。被批评真的如此令人难堪吗?一个明智的人,应如何对待他人的批评呢?

小苏和小陈大学毕业后在同一个企业同一个部门工作。有一次,领导给他们安排了一项工作。几天后,领导问起这项工作的完成情况,当得知工作还没有完成的时候,就对他们进行了严厉的训斥,认为他们做事拖拉,没有把心思用在工作上。小苏感到非常委屈,就辩解说:"我们一直很尽力,没有像您说的那样。况且您又没说应该在什么时候完成这项工作。"领导一时语塞,竟然不知说什么好了。小陈赶忙说道:"对不起,都是我们的错!下次不会再有这样的事情了。"

两位年轻人面对批评表现出了截然不同的态度。此后,领导对待他们的态度也截然不同了。主动承认错误的小陈常常会接到一些重要的任务,一年后就升任为部门的业务主管。而小苏由于不被重用,最后主动要求调走,离开了部门。

批评是提醒我们改进不足、提高能力的一种方式。如果你对此不加重视,将很快遭遇人际关系破裂、机会尽失的危机。所以,善于对待批评并从中找到改进自己的方法,是一种智慧的生存哲学。受到批评时,应该表现出诚恳的态度,并从中吸取教训。面对批评,有的人耿耿于怀,不思悔改,不接受批评,最终节节败退;有的人则大度包容,善意改过,最终使自己更加优秀。

其实,批评不仅是对人的指责,更多的是对人的爱护和责任，是鼓动和帮助。没有人会故意和你过不去，所以要善待批评。

事实上，能正确看待别人对自己的评价，对一个人的成长是很有好处的。如果我们只听得见赞誉，多半会因为不思进取而失败；如果我们能听得进批评，则可能奋发而成功。这个世上有很多人成功，也有很多人失败，两者之间一个很重要的区别就是能不能听得进批评。

想成功就不要怕批评，要端正自己对待不同声音的态度。善于主动听取别人的批评，才能不断改进自己的工作。别人的批评是给你最好的礼物。如果没有足够的涵养，你就会丧失这个成长的好机会。

错误并不可怕，批评也不可怕，关键在于我们怎样去认识它们、对待它们。从自己的错误中吸取教训，从他人的批评中汲取营养。这样，你就会逐步走向成熟、走向成功。

沉默是金，此时无声胜有声

西方有一句谚语：雄辩是银，倾听是金。中国人则流传着"言多必失"和"讷于言而敏于行"这样的警世名言。

可见，沉默也是一门艺术。在某种情况下，不说比说更好，这时，选择沉默便是最佳策略。善于倾听的人，往往也善于沉默。沉默并不是简单的不说话，而是一种成竹在胸、沉着冷静的姿态。尤其是在神态上，更要显现出一种胜券在握的姿态，从而逼迫对方沉不住气，先亮底牌。

如果你说的比实际需要的少，必定会令你看起来更有威望。如果你能小心翼翼地控制要吐露的思想，他人就无法洞察你的真实意图，进而将自己的弱点暴露在你面前。在人生的绝大部分领域内，说得越少，就越能掩藏自己的真实意图。

在我们的生活和工作中，有些时候沉默确实胜于雄辩。在说话时机未到的时候，保持沉默是一种最好的选择，会达到"此时无声胜有声"的效果。许多擅长心理战的高手经常会利用"沉默"来打击对手，达到自己的目的。

在一次谈判中，卖方向买方提问："你能在本月底以前决定成交吗？"买主沉默。

卖方又问："本月底以前，如果你订一大笔货，我可以保证为你提供一定的优惠，有兴趣吗？"买方若有所思，但仍缄默不语。

卖方沉不住气了，说："我们公司计划在近期内大幅度地涨价。如果本月底之前不成交，就恕我爱莫能助了。"

就这样，买者一言未答、一举未动，便获得了宝贵的信息，一项谈判也因此成功。高明的谈判者懂得利用沉默来获得优惠的价格，取得最大的利润。

有些时候，适时的沉默常常比滔滔不绝的雄辩更有效力，也更有威慑力。可以说，不同的沉默方式，如果运用恰当，会收到不同的效果。

那么，什么时候应该保持沉默，什么时候又应该及时出击呢？这个时机一定要把握好。你不妨注意以下四个方面：

1. 不了解情况时要保持沉默

不了解对方的情况就盲目地乱说，往往会给对方可乘之机，使自己遭受损失。在最常见的讨价还价中，沉不住气的人总是不等对方发言就迫不及待地提出建议价格，最后让别人钻了空子。所以，在不了解对方的情况下，不要轻易地把话说出口，保持沉默是上策。

2. 自己做不了主时要保持沉默

有时候，自己不能够做主，这种情况下也不能乱说。如果不慎把不该答应的事情答应下来，到时候所有的责任只能由自己来承担，所以这时候也应保持沉默。

3. 不方便反驳时要沉默

有些人态度积极，但发表意见时不免有些偏颇。此时，直截了当地驳回容易挫伤其积极性，循循善诱又有些浪费时间和精力，最好的办法便是保持沉默。

4. 正在气头上时要保持沉默

当你自己或对方正在气头上时，最好保持沉默。如果你跟他人发生争吵，你们两个人的情绪都很激动，那就等你们都冷静下来、能够心平气和地讨论问题的时候再交谈。只有在那时你们才能进行有实质意义的讨论，而不是相互指责。

适时保持沉默，是一种智慧的表现。在实际生活之中，如果能够灵活运用沉默，将会获得更多的成功机会。

带着头脑倾听，听出他人的弦外之音

中国人的性格特点之一是含蓄，要表达的意思一般都包含在话里，也就是人们常说的"话里有话"。这种现象很普遍。所以，在与人交往的过程中，你更要领会对方的"言外之意"。这样才对自己有好处，也容易捕捉到发展机遇。

他人对你的期待，不会每次都率直地表达出来。有时他人嘴上说想让你"这样做"，心中却想要你"那样做"。也就是说，对方有时会因为碍于情面而用委婉暗示或其他曲折隐晦的方法把自己的要求表达出来。因而，他所说的和他内心所想的并不完全一致。如果不经过仔细揣摩，就无法正确地理解其意图。在具体操作过程中，就容易发生偏差，甚至与对方的想法背道而驰。

主管让小董就全年的工作写份总结报告，并且嘱咐"越详细越好"。小董花了几个星期的时间调查情况，把一年的工作事无巨细地写了出来。主管看完报告，摇头表示不满。原来，主管的意思是希望总结得详细一些。可是董航没有理解详细是指产品质量及生产方面，而在事务上"详细"着墨，连公司组织了几次会议、弄了几次聚会都写得清清楚楚。主管对这份报告非常不满，小董受到了指责。

小董对于上级的意图,实际上并没有揣摩透,而只限于机械简单地理解执行。看来,心领神会至关重要。为了领会上级的意图,当你接受上级的指示或任务时,不妨问得再清楚些。不要有太多的顾忌心理,模棱两可地去执行,以后受指责的还是自己。切忌上级说了什么就想当然地认为自己完全理解了。因为上司有时不会把自己的想法直截了当地表达出来,而是需要下属仔细揣摩。

我们如果能准确地领会他人的意图,就有可能增进与他人的情谊。作为一个会听的人,除了应将对方所说的话听懂之外,你还要听出其言外之意,尽可能地了解相关的信息。要从说话者的言语中听出其背后隐含的信息,把握说话者的真实意图。这就要求你在平时深入观察,仔细揣摩,熟谙对方的习性。这样才能正确地理解其意图。

准确领会他人意图需要长期练习,应注意一定的方法、讲究必要的技巧。这类途径和方法很多，常用的有以下三种：

1. 留意从平时的言谈中捕捉

他人的设想、主张，有的是通过文字形式表达出来的，有的则是通过言谈阐述出来的。我们一定要做个有心人、细心人，留心观察他人的言谈。无论是与对方一起工作、参加会议，还是一起就餐、散步、闲聊，对其言谈都要用心记住。即使是平时的一些零碎的看法、意见，也要"善闻其言"，注意收集。长期坚持，积少成多，联系起来分析，连贯起来思考，就能准确把握对方意图了。

2. 弄清楚各种暗示

很多人都不愿直接说出自己真正的想法，他们往往会运用一些叙述或疑问句，通过暗示来表达自己内心的看法和感受。所以，一旦听到暗示性强烈的话，就应该仔细琢磨品味，了解其话语的真正用意。

3. 暗中回顾，整理出重点

当我们和他人谈话的时候，通常都会有几秒的停顿。此时我们可以在脑海里回顾一下对方的话，删去无关紧要的细节，整理出其中的重点。我们必须把注意力集中在对方想说的重点和对方想表达的主要想法上，并且熟记这些重点和想法。这样我们才能轻松地从对方的观点中了解整个问题。

听懂他人的"弦外之音"是一种职场功力。职场人应了解他人的语言习惯和表达方式，只有这样你才能准确地掌握他人的心思，才能加快自己发展的步伐。

先倾听，开口前先听听对方想表达什么

在人际交往中，要尽可能少说而多听。实际上，听和说是不能分开的两个环节，只听不说的人不能成功，只说不听的人也不能成功。在工作中每个人都需要和别人沟通。然而，是听得多还是说得多，要看我们拥有怎样的态度。

人际关系大师戴尔·卡耐基曾经说过："当对方尚未言尽时，你说什么都无济于事。"这句话告诉我们，无论是想和他人进行良好的沟通，还是想有力地说服他人，我们都首先要学会积极地倾听别人的话语。听比说更需要毅力和耐心，只有听懂别人话语中的意思才能沟通得更好，事情才能解决得更圆满。

有一位顾客在某商店购买了一套西服，由于衣服掉色，要求退货。售货员表示这种情况不能退货，和他争执了起来。商

店经理小张听到争吵声，连忙赶过去处理。

小张经验丰富，熟谙顾客心理，他三言两语便使被售货员气得发疯的顾客恢复了平静。

原来，小张赶到后，先是微笑着诚恳地听完顾客的抱怨和发泄，然后才让售货员说话。当彻底了解清楚争吵的来龙去脉后，他真诚地对顾客说："真是十分抱歉，我不知道这种西服会掉色。现在怎么处理，本店完全听从您的意见。"

顾客问："那么，你知道有什么法子可以防止西服掉色吗？"

小张说："能否请您先试穿一周，然后再作决定？如果到时候您还不满意，那么我们无条件为您退货。好吗？"

结果，顾客穿了一周后，西服果然不再掉色了。

怎么去做一位"听话"的高手呢？小张的做法给了我们一些启示。他能够使暴跳如雷的顾客很快平静下来，关键在于他认真地倾听了顾客的不满。要想成为一个受人认可的人，就应该学会去倾听别人说话。显然，仔细认真地倾听对方的话，是尊重对方的表现。能够耐心地听别人诉说，无形中会使说者的自尊得到满足。

交流的特征就是有说有听。除了会说，还要会听，这就需要我们提高倾听的素质，能灵活地理解别人的话语。良好的倾听素质可以从以下四方面来培养：

1. 善于运用体态语言

倾听时，要注视对方，表现出全神贯注的神情。身体要向对方微微倾斜，适当地运用一些表示恳切的微动作，如点头、微笑、轻声附和，避免类似发呆的神情。这个时候，千万不要做无关的动作，看表、修指甲、打哈欠、伸懒腰等都是不合时宜的。

2. 专心倾听，能动理解

听者在采取专心倾听的态度后，还要对谈话的内容进行能动理解。所谓能动理解，就是对谈话内容自觉努力地去接受和处理。一方面用自己具备的科学知识、人生体验、实践经验，正确而全面地理解；另一方面以谈话背景为参照，有重点、有取舍地理解。

3. 听取关键词

所谓的关键词，指的是描述具体事实的字眼，这些字眼会透露出某些信息，同时也会显示出对方的兴趣和情绪。透过关键词，可以得知对方喜欢的话题。找出对方话中的关键词，可以帮助我们决定如何回应对方的说法。我们只要在自己提出来的问题或感想中加入对方所说的关键内容，对方就会感到我们对他所说的话很感兴趣或者很关心。

4. 忽略方式，注意内容

一般来说，谈话方式和谈话内容是相辅相成、具有内在联系的。作为听话者，我们首先要注重谈话内容，而不要太计较别人的谈话方式。有时甚至要有意识地忽略一些不恰当的方式。

兼听则明，偏听则暗

古人有"听君一席话，胜读十年书"之说。善于倾听的人可以通过听别人的议论获取经验、增长见识。这是自我完善的有效途径，有利于事业发展。

人只有听得进不同意见，广纳群言，才能吸收好的建议。哪怕是逆耳之言，也要虚怀若谷，从反面吸取教训。能正确对待别人对自己的建议，是智者的表现，也是一种博大的胸怀。现实生活中，我们千万不要自认为智商高、能力强，就对他人给予的意见或建议视而不见。而应该保持清醒的头脑，克服自己盲目自信的缺点，对他人的建议进行积极的理性分析，这样才能使自己走在正确的道路上。

大学毕业后，小洪想开一家服装店。母亲知道他这个创业计划后，鼓励他说："你伯伯以前做过好多年生意，现在虽然不做了但经验还在，你不如去向他请教请教。"

小洪心想，伯伯那点老经验拿到网络时代来用，只怕过时了。他决定按自己的思路进行。

他租了一个临街的门面，这周围只有几家食品店和百货店。他想，在这儿开服装店，没有竞争对手，生意肯定红火。没想到，开业后生意十分冷清，买主很少。他以为这是刚开业的缘故，谁知过了半年，生意仍没见多大起色。眼看熬不下去了，但是宣布倒闭他又不甘心。正此时，母亲替他请来了伯伯，帮忙分析生意不景气的原因。伯伯观察了一下说："这地方开服装店不行，你看周围一家服装店也没有，不招客。"

小洪奇怪地问:"为什么?"

"你的店面小,品种有限,对顾客的吸引力本来就不大。加上没有竞争对手,价格没有比较,顾客怎么能愿意上门呢?"伯伯说得头头是道。

小洪觉得伯伯说的还是很有道理的,这地方不行,那不如另选地方。后来,在伯伯的指点下,他在另一个地点新开了一家服装店,新店生意很红火,后来扩大成了服装超市。

善于听取各方面意见的人,都是聪明的人。他们可以从别人的意见中吸取经验教训。一个人的经历有限,即使时刻留意,见识也有限。如果有一双谦逊的耳朵,愿意听听别人的见解,那么,你就能将别人的见解变成自己的见识,帮助自己获取成功。

实际上，每个人的知识、经验和能力都是有限的。只有博采众长，广泛地听取意见，才能不断完善决策，确保其正确可行。思考问题时，如果觉得自己的思路有限，不妨多听听他人的看法，向他人请教。英国戏剧大师萧伯纳说过："假如你有一种思想，我也有一种思想，而我们彼此交流这些思想。那么，我们每个人将会有两种思想。"他人的想法可能对你有点拨作用，更可能会使你深受启发，从而得出更好的结果。广泛地听取意见具有无限的潜力，因为它集结的是大家的智慧和力量。充分发挥集思广益的力量，你就更容易取得非凡的成就。

生活中，我们要端正态度，主动去征询不同的意见。只有虚心听取别人的意见，才会有更多的人愿意指点和帮助你。这样，我们的事业才会有所发展，人生才会更加成功。

第10章

搞定面试官，求职面试是你与面试官的一场心理博弈

绕开禁忌，有些话面试中绝不能说

面试过程中，面试官经常会设置一些语言陷阱。出其不意地提出一些令求职者难以回答的问题，以考查求职者的思维能力和应变能力。所以求职者应该掌握一些应变的策略和技巧，机智灵活地应对，才不至于失败。

1. 激将式的语言陷阱

面试过程中，面试官常用此法淘汰诸多应聘者。在提问之前，他们往往会用怀疑、尖锐、咄咄逼人的眼神注视对方，先令对方的心理防线步步溃退，然后突然用一个明显不友好的发问激怒对方。面对这种咄咄逼人的发问，作为应聘者，你无论如何都不能被激怒。如果你被激怒了，就意味着你已经输了。那么，面对这样的发问，该如何应对呢？

如果对方说："你经历太单纯，而我们需要的是经验丰富的人。"你可以微笑着回答："经验是积累出来的，我确信如果我有缘加入贵公司，我将很快成为经验丰富的人。我很希望自己有这样一段经历。"

如果对方说："我们需要名校的毕业生，你并非毕业于名牌院校。"你可以幽默地说："听说比尔·盖茨也没读完哈佛大学。"

面对以上这些情况，我们应该沉着冷静，在谈话中注意扬长避短，以求变被动为主动，最终巧妙地突破话题的限制。

2. 诱导式的语言陷阱

这类问题的特点是，面试官往往会设置一个特定的背景条件，诱导对方作出错误的回答。因为也许任何一种回答都不能让对方满意。这时候，你的回答就需要用模糊语言来表示。例如，"以你现在的水平，恐怕能找到比我们企业更好的公司吧？"如果你的答案是"是"，那么说明你这个人也许脚踏两只船，"身在曹营心在汉"；如果你回答"不是"，则显得你对自己缺少自信抑或是你的能力有问题。

对这类问题可以先用"不可一概而论"作为开头，然后回答："或许我能找到比贵公司更好的企业。但别的企业在人才培养方面不如贵公司系统化，机会也不如贵公司多。""或许我能找到更好的企业，但我想，珍惜已有的最为重要。"这样回答，其实是把一个"模糊"的答案抛给了面试官。

3. 非常规式的语言陷阱

面试中，如果面试官提出近似于游戏或笑话式的问题，你就应该多转一转脑子，想一想面试官的意图所在，考虑他是否在考察你的智商。如果是，那就得跳出常规思维，采用一种非常规思维去应答，以达到"歪打正着"的奇效。

4. 引君入瓮式的语言陷阱

在面试时，面试官所提的一些问题并不一定要求面试官有什么标准答案，只是要求面试者能回答得滴水不漏、自圆其说而已。应试者往往很容易陷入不能"自圆其说"的尴尬境地。面试在某种程度上就是斗智。你必须圆好自己的说辞，方能滴水不漏。

比如，你要从一家公司跳槽去另一家公司。面试官问你："你们的老板是不是很难相处啊。要不然，你为什么跳槽？"也许他的猜测正是你要跳槽的原因，但即使这样，你也千万不能被这种同情的语气所迷惑，更不能"顺着杆子往

上爬"。如果你愤怒地抨击你以前的老板或者义愤填膺地控诉你之前所在的公司,那么你必败无疑。因为这样不但暴露了你的自私,还暴露了你的狭隘。

面试中的薪资问题如何谈

求职过程中,薪酬是很重要的。面试时一定要与用人单位商谈妥当。对初入职场的人来说,掌握与用人单位讨论薪酬的技巧非常重要。

对于求职者来说,薪酬与一个人的能力、作用、表现、贡献等息息相关。它在一定程度上决定着你的社会价值和你的生活水准,因而一定要尽力商谈。

尽管面试双方都不讳言薪酬问题。但是,在用人单位尚未完全了解你的个人情况时,如果直奔薪资主题,你给人的第一印象就会大打折扣。即使有机会进入商讨阶段,如果开价过高,也难以被对方接受;如果开价过低,吃亏的是自己,还容易被人看扁;闷声不语,又心有不甘。那么,初入职场的新人,应该怎样与用人单位讨论薪酬呢?在谈薪酬时应注意哪些方式方法呢？下面介绍一些技巧供职场新人参考。

1. 不先开口

不要轻易地把你的薪酬要求讲出来。如果你在还未摸清薪水的可能变动幅度之前就信口开河，那无异于冒险。因为薪水问题通常是可以进一步洽商的。

2. 忌不当反问

例如，面试官问："关于工资，你的期望值是多少？"应聘者反问："你们打算出多少？"这样的反问会显得很不礼貌，好像是在谈判，很容易引起面试官的不快和敌视。

3. 避实就虚

假如面试时对方问你之前的薪资是多少，你千万要谨慎回答。如果你之前的薪水太少，那么直接回答不会给你带来什么好处。此时，你最好回答：过去的工资并不重要，关键是我的工作能力。别强调过去的工资，关键是要展示你的工作能力以及你能为公司作出多大的贡献。

4. 控制比例

当对方终于开始和你谈具体工资数目时，你该怎么开口呢？让对方先说个数。每个雇主心里对薪水的上下限度都会有个数，他们经常会自由调整。在你提出薪水要求之前，请务必弄清对方的大致价位。假如它低于你的心理价位，你就定一个比你现在薪水至少高10%~20%的价。倘若你认为现在的薪水太少了，那么可以适当再抬高一些。不要说具体的数字，这样很容易造成僵局。不妨让对方提出工资的范围，这样双方就可以继续顺利地讨论下去了。

5. 留有余地

如果你必须先开价，勿将底线定得太低。对方往往会盯住你的底线，因此给自己留有的余地大一点，洽谈自然更灵活。

最后，在谈薪酬时，我们要记住这样一个理念：在自己的实力还不是很强，或者在还没有创造出价值的时候，给自己锻炼机会的价值要远远大于给自己高薪酬的价值。

面试求职，是与面试官的一场心理博弈

在人才竞争日益激烈的现代社会，顺利通过面试是获得理想职位的重要一环。要想让面试官在短暂的时间内认识和欣赏自己，讲话策略是一个关键因素。

1. 掌握面谈的开头技巧

虽然面试时间很短，但一个好的开头仍然不可忽视。好的开头可以营造一种和谐的氛围，帮助你迅速与面试官沟通思想，尽快进入正题，受到面试官的青睐。所以，设计好开头的五分钟至关重要。求职者必须通过简洁、坦诚而富有个性的语言，充分展示自己的实力和素质。以下是三种常用的开头技巧。

（1）简明扼要

说话简明扼要，才能给人留下思路清晰、精明能干的印象。

面试时要尽量用简短的语言传达尽可能多的信息。无论是自我介绍还是回答问题，都要做到言简意赅、举例精辟、措辞简练，切忌絮絮叨叨、繁复冗长，或口若悬河、答非所问。

（2）真诚朴实

面试时，表现自己的能力和才干也是一门艺术。如果一味地大讲特讲自己如何比他人优秀，恐怕会给人留下自吹自擂骄傲自大的印象。所以，在说明自己的能力时还是真诚朴实些好。

当然，在介绍自己曾经的成绩时，要注意语气。要既巧妙地表露出来，又不显得自我吹嘘，从而给人以自信、谦逊、不卑不亢的印象。

（3）突出个性

富有创新精神和应变能力的人才，是深受用人单位欢迎的。在面试中，个性鲜明的语言和行为，能够给人留下深刻的印象，获得用人单位的青睐。具有独创性的语言和行动，能够帮助我们在高手如林的求职竞争中脱颖而出。

2. 语言得体，要注意一些忌语

求职面试中，恰当得体的语言无疑会帮助你获得成功；反之，不得体的语言会削弱你的竞争力。所以，在求职时要注意一些忌语。

（1）忌缺乏自信

最明显的就是问"你们招几个人"，这样询问是一种缺乏自信心的表现。面对已露怯意的人，用人单位可能会正好"顺水推舟"，予以回绝。

（2）忌急问待遇

"你们的待遇怎么样？""你们管吃住吗？电话费、车费报不报销？"这样问不但会令对方反感，而且会让对方产生"工作还没干就先提条件，何况我还没说要你呢"这种不好的想法。谈论报酬待遇是你的权利，这无可厚非。关键是要看准提问时机。一般应在双方已有初步聘用意向时再委婉地提出来。

（3）忌露有熟人

面试中切忌急于套近乎，不顾场合地说"我认识你们单位的某某""我和某某是同学，关系很不错"等。这种话主考官听了会很反感。如果你说的那个人是他的顶头上司，主考官会觉得你以势压人；如果主考官与你所说的那个人关系不怎么好，甚至有矛盾，那么你这样说的后果可想而知。

（4）忌超出范围

例如，面试快要结束时，主考官问求职者："请问你有什么问题要问我吗？"这位求职者欠了欠身子问道："请问你们

公司的规模有多大？中外方投资的比例各是多少？你们未来五年的发展规划如何？"这是求职者没有把自己的位置摆正的表现。提出的问题已经超出了求职者应当提问的范围，会使主考官产生厌烦。主考官甚至会想：哪有这么多的问题？你是来求职，还是来调查情况的？

第11章

难得糊涂,适时装装糊涂反而更能赢得人心

故意犯点小错，展现你可爱的一面

聪明是一种天赋，但是"愚钝"能使人保持心胸坦然、精神愉快，还可以消除心理上的痛苦和疲惫。一个人如果过分认真，那么必将一事无成。为人处世，许多时候装得迟钝一点，反倒容易赢得人心。

什么事情都应该有一个限度，如果一个人的能力过强，过于突出，强到足以使他人感受到自己的卑微、无能，事情就会向相反的方向发展。没有一个人喜欢总是把自己映衬得无能和低劣的人。相反，一个会犯小错误的能力出众者则会减小这种压力，缩小双方的心理距离，因而会赢得更多人的喜爱。

在我们可以接受的限度内，一个人越有才华就越有吸引力，我们就越喜欢他。可一旦超过这个限度，我们就更倾向于逃避或拒绝他，那么，他对我们的吸引力就会下降。而当他偶尔犯错误的时候，他的吸引力就会增强，因为这使他更接近于普通人，与我们的距离变近了。

为人处世，要使别人对你放松戒备，营造亲近之感，你需要很巧妙地、不露痕迹地在他人面前暴露自己的某些无关痛痒的缺点、出点小洋相，表明自己并不是一个高高在上、十全十美的人物。这样就会使原有的那种紧张化为乌有，并使对方产生"接纳"的心理倾向。

美国的一位报社记者，奉命采访一位政要，想探知某"丑闻"内幕。当记者兴致勃勃地发问时，那位政界人物立刻打岔说："有的是时间，咱们慢慢地聊吧！"然后不慌不忙地坐下来。他的这种态度令那个记者感到气势被挫。不一会儿，女佣端来咖啡。就在这时候，发生了一个小插曲。这位政要好像害怕喝烫的东西，仅啜饮了一口咖啡就直嚷"好烫"。这一嚷，竟把咖啡杯打翻在地。这位在国会上曾一向叱咤风云的政要，却这般窘态百出，记者心中暗自发笑。

这个事实，不但使原本打算刨根问底的记者失去了挑战意

愿，甚至令其对这位政要产生了一种亲近感。其实，只要是处世经验丰富的人都知道，政要的这些举止，是心有所图之下的一种故意露丑，是一种巧妙的表演。

在现实生活中，这种表演确实能够得到他人的认同，从而令其产生一种接纳的心理。假如你是有心人，可以利用这种心理倾向，故意暴露自己的窘态。使对方消除戒心，甚至使对方接纳你，与你成为朋友。

在职场上，一定要适当表现一些缺点，这样会使他人更愿意接近你。所以聪明人会故意暴露缺点，尤其是一些无关痛痒的缺点。当人们因此对你产生亲切感时，反而会愿意和你进一步交往。但缺点绝不可致命，不能是你真正的短处。最好是无关痛痒的小缺点、小毛病。因为这些缺点和人套近乎有余，他人想以此要挟你则没门。

难得糊涂，是做人的最高境界

生活中，人与人之间的相处难免会有矛盾纠葛，究竟应该怎样处理呢？答案是，大事与小事相对，精明与糊涂并用。意思是说，对于大事不能糊涂，而对于那些与原则无关的小事，则应该睁一只眼闭一只眼。

俗话说："水至清则无鱼，人至察则无徒。"世间并无绝对的真理，而且正邪善恶交错。所以，我们立身处世的基本态度是必须有清浊并容的雅量。与人相处时，难免会有各种差异和诸多矛盾，对这些不要太在意。千万不要做一个小肚鸡肠的人，否则你会失去人际助力。

宋朝的吕蒙正不喜欢和人斤斤计较。据《宋稗类钞》记载：吕蒙正初入朝堂时，有一位官员在帘子后面指着他对别人说："这个无名小子也配参政？"吕蒙正假装没有听见，大步走了过去。其他参政为他愤愤不平，准备去查问是谁敢如此胆大包天。吕蒙正知道后，急忙阻止了他们。

散朝后，那些参政还感到不满，后悔刚才没找那人算账。吕蒙正对他们说："如果知道了他的姓名，恐怕一辈子也忘不掉。这样耿耿于怀，多不好啊！所以千万不要查问此人的姓名。其实，不知道他是谁，对我并没有什么损失啊！"当时的人都很佩服他心胸宽阔。正是凭着这种气量，吕蒙正后来成了北宋的宰相。

不过分斤斤计较，凡事皆留有回旋的余地，这其实是明智者的处世信条。人一生要经历的事情不计其数。如果事事都要

认真盘算，势必会使自己筋疲力尽。所以，对一些不重要的小事，最好忍得一时之气，糊涂处之。尤其是对于涉及个人名利的问题，更应该如此。其实，"大事精明"者怎么可能"小事糊涂"呢？所谓小事糊涂，只是装糊涂而已。因为真正的智者不愿在小事上浪费时间和精力。

小事糊涂能使人集中精力干事业。一个人的精力是有限的，如果一味在小事上浪费精力，或把精力白白地花在钩心斗角、玩弄权术上，就不利于工作和发展。但是，遇到大事的时候，我们则不能再糊涂，要明白小事与大事的界限。遇到大事时要保持清醒，才不至于错失良机。

总之，"糊涂"与"精明"的关系非常微妙，要分场合使用。我们在办一件关系全局的事时，要用精明成大事。相反，对生活中的一些细碎事情，宜糊涂为之，不必斤斤计较。该糊涂的时候一定要糊涂，而该聪明的时候，则一定不能含糊。要坚持原则，这才是真正的聪明。由聪明而转糊涂，由糊涂而转聪明，转换得宜可以让你赢得一片崭新的天地。

做人不能太天真，保护自己是前提

人生最大的悲哀，就是在严酷的现实面前过于天真单纯。社会环境复杂多变，要想在社会上立足，就要懂得伪装自己，以防被人欺诈。这是处世和生存的基本方法。

中国古代善于伪装自己的人有许多，明成祖朱棣就是一位精通此道的智者。

明太祖朱元璋开创大明基业之后，为了加强宗族势力，他把自己的十四个儿子全部加封为王。太祖驾崩后，因皇太子朱标早死，就由长孙允炆即位，即建文帝。建文帝一登基，即感到了十多位皇叔的威胁之大。于是他开始了大规模的"削藩运动"，把皇叔一个个剪除，有的流放，有的则借机杀掉。最后只剩下燕王和宁王两个，因他们情况特殊，又因一时尚未找到借口，便暂时留了下来。

燕王朱棣是朱元璋的四子，为人骁勇善战。他也颇感自危，决意伺机行动。但却因力量不足，只好暂时忍耐。建文帝也顾虑朱棣拥兵在外，又勇悍多谋，不敢轻易下手。

朱棣为使皇帝不疑他有变，便装癫扮傻，甚而溜出王府，在街市上奔走呼号，抢夺酒食，说话颠三倒四，有时竟仰卧街头，整日不醒。建文帝派遣谢贵前去探病，当时，正逢盛夏天气，只见朱棣穿起皮袄，围炉而坐，还直喊天气太冷。

朱棣用这种"装"的方法瞒过了他人，见再也无人来问疾，便着手准备，加紧实施自己的计划。

经过四年征战，朱棣终于获胜，登上皇位，定都北平。这就是历史上的明成祖。

朱棣装成衰弱得不堪一击的样子，使敌人受了麻痹。既保护了自己，又消灭了敌人，一举两得，不失为把握分寸的应变招法。强者装弱，可以使其幕后的策划不为人所知，在前台的对手也就无法知道他的真实意图和具体打算。以暗处攻击明处的目标，几乎是百发百中、屡试不爽。

对于精明的处世"高手"而言，他们能以掩饰真相的手段来达到自己的目的。那么怎样才能制造假相呢？这就要看你对自己境况的估算，以及采取什么样的方略了。

在对方对信息颇为迷惑的时候，可以声东击西、制造假象，故意发布一些让对方上当的信息。发布信息要做到"假做真时真亦假"，这样假相才能被认为是真的。

做人应该懂得伪装自己。不懂伪装的人只能明里吃亏、暗里受气，结果一无所获。要想保护自己、发展自己，就要懂得适度地伪装。做人可以单纯，但内心一定要存有"心机"。

大智若愚，后发制人

把自己当成最聪明的人，这种人往往是最笨的。在职场上，真正聪明的高手，是大智若愚的人。他们会在该精明时精明，不该精明时大智若愚。

大智若愚在《辞源》里的解释是这样的：有大智慧的人，不显山露水，不卖弄聪明，表面上看起来很愚笨，其实却是真的聪明。可见，这里的"若愚"只是一种表象，一种策略，而不是真正的愚笨。对于那些不情愿去做的事，我们可以以智回避。本来有大勇，却装出怯懦的样子；本来很聪敏，却装出很愚拙的样子，如此可以保全自己的人格，同时也可不做随波逐流之事。

与王曾同朝的宰相丁谓一手遮天，他在朝廷中排除异己，将宋仁宗孤立起来，不让他和其他的大臣接近。凡是不附和自己的大臣，丁谓一律把他们从朝中赶走。

副宰相王曾把这一切看在眼里、记在心里。他整天装作迷迷糊糊的憨厚样子，在宰相丁谓面前总是唯唯诺诺，从不发表与丁谓不同的意见。日子久了，丁谓对他越来越放心，以致毫无戒备。

一天，王曾哭哭啼啼地向丁谓撒谎说："我从小失去父母，全靠姐姐抚养，恩情有如再生父母。老姐只有一个独生子，他身子弱，受不了当兵的苦。姐姐多次向我哭诉，求我设法免除外甥的兵役……"丁谓说："这事很容易办！朝会后你单独向皇上奏明，只要皇上一点头，也就成了。"王曾装作犹豫不决的样子嗫嚅地说："我不便为外甥的小事而擅自留身……"丁谓爽快地说："没关系，你可以留身。"王曾听了，非常感激，还掉了几滴眼泪。此后，丁谓不知是真动了同情心，还是想借此施恩，表示对王曾的关心，竟一再动员王曾明天朝会后独自留身，向皇上奏明情况，请求皇上免除外甥的兵役。

第二天散朝后，副宰相王曾请求留身，单独向皇上奏事。宰相丁谓当即批准他的请求，把他带到太后和仁宗面前，自己退了下去。

王曾一见太后和仁宗，便充分揭发了丁谓的种种恶行。他一边说，一边从衣袖里拿出一大叠书面材料，太后和仁宗听了王曾的揭发，大吃一惊。太后气得五内生烟，下决心要除掉丁谓。至于仁宗呢？他早就嫉恨丁谓专权跋扈。只是丁谓深得太后的宠信，使他投鼠忌器，不敢出手。今日王曾拿出证据，又得到了太后的支持，仁宗自然不会手软。

飞扬跋扈、不可一世的丁谓竟然被外表懦弱、看似迂腐的王曾所扳倒。这是丁谓从未想到的事情。

大智若愚，实乃养晦之术。"大智若愚"，重在一个"若"字。"若"设计了巨大的假象与骗局，掩饰了真实的野

心、权欲、才华。这种甘为愚钝、甘当弱者的权术，实际上是精于算计的一种手段。不仅可以将有为示无为，聪明装糊涂，而且可以装作若无其事的样子，然后静待时机，把自己的过人之处一下子表现出来，打对手一个措手不及。

在更多的时候，上司更倾向于提拔那些忠诚可靠但表现可能并不那么出众的下属。因为他认为这更有利于自己的事业。因此，当你对某项工作有了可行的想法后，不要直接说出来，而应在私下里用暗示等方法及时告知领导。久而久之，领导会对你倍加欣赏和器重。偶尔装装糊涂，凡事不那么较真，反而有利于自身的发展。

即使再聪明，也要显得笨一点；即使再明白，也要装得糊涂一点；即使再有能力也不激进，宁可以退为进，这才是立身处世的妙招。因此，处境为难时，聪明人总会想方设法掩饰自己的实力，假装愚笨来反衬他人的高明，力图以此获得他人的青睐与赏识。若愚才是大智，如果一味精明能干，半点亏都不肯吃，就可能在无形中吃更大的亏。

过分精明的人，反而让人不愿接近

历史的经验告诉我们，做人不要太精明。精明得太露骨会祸及自身。一个机关算尽的人最终会算计到自己身上。

在表现自己的聪明时，不要表现得过于"精"。否则，非但不会受到人的喜欢，反而会让人生出防备之心，把原本的好事变成坏事。对人不必心机重重，刁钻奸猾；对朋友应该纯朴真挚，"傻点"更好。过于精明容易把本应纯朴真挚的关系人为地弄得复杂，使人感到不适，以致对其敬而远之。这样精明，结果只能是成为"孤家寡人"一个。

爱耍小聪明的人最爱卖弄自己的才华。聪明一旦过头便会目中无人，不知天高地厚、忘乎所以。这个时候看似很聪明的人其实最傻。古今得祸者绝大多数都是精明的人，现在的人唯恐不能精明到极点，这是愚蠢的。

三国时代的杨修，就是因为"聪明"过了头，结果引起了曹操的忌恨，最终被杀。

刘备率军攻打汉中，曹操亲自率领40万大军迎战。曹、刘两军在汉水一带对峙。曹操屯兵日久，进退两难。适逢厨师端来鸡汤，他见碗底有鸡肋，心存感慨。正沉吟时，有将官入帐询问夜间号令。曹操随口说："鸡肋。鸡肋。"将官便把这当作号令传了出去。行军主簿杨修即令随行军士收拾行装，准备归程。众将大惊，把杨修请到帐中仔细询问。杨修解释说："鸡肋者，食之无肉，弃之有味。今进不能胜，退恐人笑，在此无益。来日魏王必班师矣。"大家认为这番话很有道理，营

中诸将纷纷打点行李。曹操知道后，怒斥杨修造谣惑众、扰乱军心，便把杨修斩了。

后人有诗叹杨修，其中有两句是："身死因才误，非关欲退兵。"这是很切中杨修之要害的。杨修恃才放旷，数犯曹操之忌。杨修之死，根源于他的聪明过度。

杨修自然有他的聪明之处，但他的愚蠢之处就是不知道耍小聪明会惹来灾祸。这样的人显然不算真正的聪明。曹操固然聪明多疑，但是，换谁作为上级，也不会愿意让下属知道自己全部的心思和用意。显然，杨修最终非丧命不可，这算是"聪明反被聪明误"的典型。杨修的才华太过外露，他不懂得掩饰，不知道保护自己。那么，除了灾祸降临，还会有什么后果呢？

明代大政治家吕坤凭借自身的丰富阅历和对人性的深刻洞察，在他的《呻吟语》一书中写道："精明也要十分，只须藏在浑厚里作用。古今得祸，精明人十居其九，未有浑厚而得祸者。"他的意思是说，人还是需要精明的，但关键要在浑厚中"悄悄"地运用。古往今来得祸的绝大多数都是自恃聪明、卖弄聪明、喜欢外露的人；心里绝顶聪明而表面上又深藏不露的人，几乎从未有得祸的。

做人要精明，但最好不要表现得淋漓尽致。这就是说，真正聪明的人会善用自己的聪明。他们深藏不露,不轻易展现自己的聪明,貌似浑厚,也就不至于惹人家嫉妒。做人要精明,但不要过于精明,更不可精明到露骨。

第12章

善于迎合，与上司打交道要把握分寸

若即若离，和领导相处切忌僭越

在实际工作中，有作为的下属应该找准自己的位置，知道哪些话该说，哪些事该做。把握适度的原则，而不要"越位"。对于下属来说，如果不能坚守本位，反而时时去做一些不属于自己职权范围之内的事情，必然会惹得领导不快。更有甚者，还有可能成为领导眼中的"危险分子"。

大多数领导都会反感下属自作主张的越权行为。这种行为显得下属不把上司放在眼里，是办事不稳重的表现。你无意中的一次私自决策行为，给你带来的可能就是领导以后的冷遇与不信任。这可不是一朝一夕能够改变的，而且对你前途的损伤也是难以弥补的。

身为下属，切勿在领导面前无所顾忌，不分职位高低。在和领导说话的时候，认清双方的角色是非常重要的。一个聪明的下属，要想得到领导的重视，不仅要把工作做好，还要掌握汇报工作的技巧。这样才会让自己变得更为出色。

长相帅气的小向，大学毕业就进入了某大公司做销售，两年来一直业绩不俗。他计算机方面挺在行，公司电脑出了小问题，有他在就不用请客服，偶尔举办娱乐活动，他也组织得有声有色，他还经常出差签大单，深得同事认可。相比之下，小向的部门经理则逊色多了，形象比不上小向，口才交际没有小向好，学历也没有小向高。几个要好的哥们私底下对小向说："你前途无量啊！"

不过，事情绝对没有小向想象得那么简单。有一次，他和部门经理与重要客户见面，由于小向事先接洽过对方，在这次正式会面中，他和客户频频举杯，海侃阔聊，而把部门经理冷落在一旁。分手时，小向还抢在上司之前与对方握手道别。小向说，他当时感觉很好，觉得自己简直将自己的业务能力展现得淋漓尽致。但没过多久，小向被换了岗位，并且没有升职。

看着一些业绩表现稍差的同事被委以重任，小向很郁闷，

工作开始敷衍起来,越干越没劲。直到小向跳槽离开公司时,一名朋友才跟他交心:"你是做得好,但有一样做错了。你的高调表现让上司觉得你越位了。"

在不该说话的时候说话、不该做主的时候做主,是职场新人常犯的毛病。超越身份地胡乱表态,是不负责任的表现。

在与领导进行沟通的时候,首先要尽量寻找轻松自然的话题,把握好交谈的分寸。在交谈的时候,应该让你的领导充分发表意见,当需要你补充的时候,再适当发表一些见解。这样领导自然会认为你是个有知识、有见地的人,而你也就理所当然地会得到赏识。这样才能与领导和谐相处,并得到对方的信任和赏识。

其次,要表现出自己谦逊的品格。在与领导相处时,千万不要卖弄你的小聪明,更不能锋芒毕露。如果你在领导面前故意表现自己,只会让对方觉得你狂妄自大,在心理上很难接受。而且,你要控制住自己的好胜心,这样才能顾及领导的自尊和权威。比如,你可以故意露出个破绽,满足领导的好胜心。这样,在个人事业的发展上,你才会少一些不必要的阻碍。

经营上下级关系，也要掌握心理沟通技巧

在职场上，当各方面条件都差不多的人同时挤向一座桥或一道门的时候，谁才能成为领导最青睐的那个人？显然，是沟通能力比较强的人。

沟通能力，正是一种能证明并且让领导发现你具有工作能力的能力。一个具有沟通能力的人，能迅速地给对方留下"这人很棒""他能行"的印象。如果不能很好地沟通，会对自己有什么影响？对于个人来说，你可能因此丧失职场竞争力，达不到预期的业绩或者目标。另外，如果你没有良好的沟通能力，就会很容易引起误解。

某公司的电脑程序员小冯这段时间备受上司冷落，尽管他的工作业绩非常突出。其实，小冯有好几次想去跟上司沟通，令人遗憾的是，他始终没敢敲响上司办公室的门。直到有一天，公司通知他去财务部领工资——他被公司解聘了。这件事儿让他百思不得其解。而真实的原因是什么呢？原来公司领导听说小冯在外偷偷做兼职，有"身在曹营心在汉"之嫌。其实小冯被误解了，他根本就没有在外做兼职，是同事嫉妒他业绩出众，打小报告诬陷他。

造成小冯最终愤恨而去的原因看似很多，如上司的不信任、同事的诬陷等。但是，如果他在问题出现的时候能及时、主动地去跟领导沟通，弄清缘由并予以澄清，也许结果就会完全不一样。然而，小冯却因为怯于主动跟领导沟通，最终遗憾地离开了。

因此，下属要主动大胆地与领导沟通，征求领导对自己的意见，以及时消除领导对自己的误解，或者了解领导的真实意图，以便更好地开展工作。如果你感觉到领导对自己的信任正在发生变化，那么必须找机会和领导沟通。谈话时可以先感谢领导一直以来对自己的信任和帮助，缓和一下交谈的气氛。其次表达自己的歉意，同时要解释在这件事情中自己并没有要挑战上司权威的意思，完全是从工作角度出发，就事论事。当你与上司发生冲突后，不妨在一些轻松的场合，如会餐、联谊活动等场合，向上司问个好、敬个酒，表示你对对方的尊重。如此，上司自会消除或是淡化对你的敌意，而这也同时显示了你的修养与风度。

在同一个单位内，当领导需要提拔人员时，他选择的是那些有潜力的、善于与他人沟通的人，而不是一味埋头苦干、"闷葫芦"似的人。因为善于沟通的人更能领会上司的意图，更善于调节办公室里的各种矛盾。同时，经常与领导交流看法，了解彼此的观点，对个人的发展意义也十分重大。

只有通过沟通，才能使领导了解你的工作作风、确认你的应变与决策能力、了解你的处境、知道你的工作计划、接受你的建议。这些反馈给他的信息，有利于他对你作出比较客观的评价，从而成为你日后能否被提升的考核依据。

良好的沟通不仅能保证交流顺畅，也会为工作表现加分。在生活与工作中注重沟通技巧的修炼，掌握沟通的方法，这将为你的人生创造出意想不到的新局面。在竞争日益激烈的职场，有无沟通技巧往往决定了一个人职业生涯最终所达到的境界。

向领导表达尊重，是建立良性上下级关系的前提

身为职场中的一员，要想与领导搞好关系，就少不了尊重领导这一环节。领导的言行决策，大都经过深思熟虑，是为了整个团队的高效运行。所以，不管领导是自己的长辈还是晚辈，我们都应尽量尊重领导，支持领导，维护领导的权威。

尊重领导是每个下属的必备素质，不尊重领导是没有职业修养的表现。退一步说，在团队里面不可能人人都当领导，但每个人都可以借助团队与领导的力量创造佳绩，成为团队的先进者、行业的佼佼者。所以，没有必要与领导对着干，更不要觉得领导"傻"。

专家提出了三点不要盲目蔑视上级的理由：第一，上级的"傻"未必是真傻，很可能是大智若愚；第二，上级的"傻"也许是为了考验你的忠诚、经验和能力，他装作什么都不知道，让你放手去做，而在你做的过程中，他会将你的有关情况考察清楚；第三，如果上级真的在某方面不如你，那恰恰是你展示的最好机会。领导之所以用你，正是因为作为下属的你有过人之处。如果你是有智慧的下属，一定不会每天挑剔上级的

不足，而是应考虑如何配合上级，提升自己的工作能力。

基克尔大学毕业后在某家公司外贸部工作，不幸碰上了一个苛刻、暴躁的顶头上司。此人经常无事生非，把白天处理好的文件弄得一团糟，转眼出了错，又把责任推给了基克尔。

一气之下，基克尔辞职去了另一家公司。在那里，他出色的工作赢得了许多同事的称赞，但无论怎样也没法使经理满意。心灰意冷间，他又萌生了跳槽之念，于是向总经理递交了辞呈。总经理没有竭力挽留基克尔，只是告诉他自己处世多年得出的一条经验：如果你讨厌一个人，那么你就要试着去爱他、尊重他。总经理说，他曾经"鸡蛋里挑骨头"似的在一位上司身上找优点，结果他发现了老板的两大优点，而老板也逐渐喜欢上了他。

听了这番话，基克尔虽然仍旧讨厌他的经理，却悄悄收回了辞呈。当经理又故作无奈地说"不对，我从未见过你的文件"时，基克尔没有义正词严地同他计较。他平静地说："那好吧，我回去找找那份文件。"于是，他回到自己的办公室，把电脑中的文件重新调出再次打印。当他把新文件放到经理面前时，经理连看都没看就签了字。对此，基克尔说："现在想开了。一个成熟的人应该学会包容他人，更要学会尊重上司。这样你会大有收获。"

案例中的基克尔非常明智，他能摆正自己的位置，不但不给领导添麻烦，还能积极主动地工作，使领导的权威得到充分体现。这样做，自然容易得到领导的高度赏识和认可。

　　也许你的上司并不比你高明，但只要他是你的上司，你就应该服从他的命令，并且努力去发现那些他优越于你的地方，尊敬他、欣赏他，向他学习。作为下属，在工作中你必须做到：尊重领导的决定，支持领导的工作，处处为领导着想。当你和领导的意见发生分歧时，不能当着众人的面顶撞他、和他争论，否则会让他觉得很没有面子、下不了台，这样只会让他对你没有好感。你最好在私下里和他交流，说话时也要采用一定的技巧，不能让他感觉到你的威胁，这样做除了能照顾他的面子外，对你自身也会产生好的影响。

　　在取得了领导的信任之后，你还得寻找恰当的时机表现出你对他的尊重。有时在领导没有要求的情况下，你也可以把以前的工作记录整理好，主动拿给他看，让他知道你对他的尊重，同时也可以让他清楚你的实力和对他的忠心。这样一来，领导自然就会消除疑虑、不再挑剔你了。

尊重领导，就等于给自己留有充分的余地。下属可利用这个余地同领导在私下里进行更深入的交流和探讨。当领导的尊严得到了维护之后，你的好运就会紧随而至。

虚心点，适时多向上司请教

在职场中，不论你多聪明，都不要"功高盖主"，不要让领导感觉到你的威胁。那么怎样才能让领导消除疑虑呢？最有效的方式就是多向他请教。有事要请教，体现的是一种谦虚；无事也请教，体现的不仅是人生智慧，更是一种办事技巧。这样，就会在潜移默化中拉近你与领导的距离。

在职场上，下属要经常向领导作汇报、请示工作等。此时，要以请教的方式表现出谦虚、平和、朴实，使对方感到自己受人尊重。领导一高兴，自然会采纳你的建议，你工作起来自然也会轻松、有进展。

在请教的过程中，你不仅提高了自身能力，便于更好地完成工作，还给领导留下了良好的印象，可谓"一箭双雕"。所以，想要自己提出的意见被领导尊重和认可，最好用请教的办法。

小张是一所名牌大学的毕业生，毕业后他进了一家设计公司。到工作岗位不久，他就接到了任务，小张很高兴，因为这是他进入公司后接受的第一个任务。但高兴之余他又有些担心，因为他怕自己做不好，让公司蒙受损失。

他虽然感觉有些底气不足，可还是着手做了。经过周密的分析调查，他制订了多种方案。他先把这些方案拿给部门领导王经理看，向王经理逐条分析利弊，最后又向王经理请教用哪个方案。

听了小张的汇报，王经理表示赞同，就选择了他重点推荐的那个方案。这时他又问王经理如何具体实施，王经理说："你大胆放手干吧，年轻人比我们有干劲。"

小张连忙说，自己刚来，一切都不熟悉，还得多听王经理的意见。因为小张的态度谦恭，意见又十分到位，王经理很满意，当即给部门的其他领导打电话，让他们大力协助小张的工作。因为有了王经理的帮助，小张在实施方案时，完成得又快又好。一年以后，他就被提升为部门主管。

要想提高自己的能力，必须善于向领导请教。在提建议的时候，不妨迂回一些。对领导"进谏"时不要替对方作出决策，而应用引导、试探、征询意见的方式，使领导在参考你所提出的建议后顺理成章地做出你预期的正确决策。这样，他自然会觉得方案是他想出来的，从而对此构想更加认可。

学会在适当的时候以适当的方式向领导请教，绝不是懦弱的畏缩，而是一种聪明的处世之道，是人生的大智慧、大境界。

推功揽过，让上司看到你的贴心

身处职场，怎样做才能既建立业绩、受到领导的长期青睐，又避免因此而遭受危险呢？有一个绝招可以使用，那就是"有功归上"。用一句话说，就是"干得好是领导的英明，干得不好是自己的过错"。这样的下属，自然会讨领导喜欢。

有时下属全凭自己的努力取得某项成果，却和领导没有多大的关系，这很容易让人产生居功的想法。自以为有功便忘了领导，总是讨人嫌的。凸显自己的功劳虽说合理，却不合人情之需，而且是很危险的事情。所以你最好不要居功。

在现实生活中，我们经常可以看到，许多下属在汇报的时候，将功劳和业绩都归于英明的领导，把自己置于一个配角的位置。他们抓住的恰恰就是领导的心理需求。把功劳推给领导，并不意味着你没有功劳，因为大家对事实心知肚明。一般来说，领导也不会真的抢你的功劳。相反，他会对你的为人处世风格非常赞赏。如此看来，"推功揽过"实在是有百利而无一害。

李泌在唐代历任玄宗、肃宗、代宗、德宗四代皇帝的宰相，在朝野内外很有影响。他就深谙"有功归上"之道。

唐德宗时，李泌担任宰相。西北的少数民族回纥族出于对他的信任，要求与唐朝讲和，结为姻亲。这可给李泌出了个难题——从国家安定的大局考虑，李泌是主张同回纥恢复友好关系的；可德宗皇帝因早年在回纥人那里受过羞辱，对回纥怀有深仇大恨，坚决拒绝与之讲和。

李泌知道，好记仇的德宗皇帝是不会轻易被说服的，如果操之过急、言之过激，不仅办不成事，还会招致皇帝的反感，给自己惹来祸殃。于是，他采取逐步渗透的办法，在前后一年多的时间里，经过多达十五次的陈述利害的谈话，终于将德宗皇帝说服。

李泌又出面做回纥族首领的工作，劝服他们答应唐朝的五条要求，并对唐朝皇帝称儿称臣。这样一来，唐德宗既摆脱了困境，又挽回了面子，十分高兴。唐朝与回纥的关系终于得到恢复，这完全归功于李泌。唐德宗不解地问李泌："回纥人为什么这样听你的话？"

如果是一个浅薄之人，必然大夸自己如何足智多谋，令异族畏服，把自己说得比皇帝都高明。但这样一来，必然会遭到皇帝的猜疑和不满。李泌却没这样说。他是一个极富政治经验的人，对自己一字不提，只是恭敬地回答："这全都仰仗陛下的声威卓著。我哪有这么大的力量！"

听了这样的话，德宗自然很高兴，对李

泌也更加宠信了。

李泌在处理较为棘手的上下级关系时，显示了过人的智慧：错误、缺点归我，重大功劳都归领导。对于身处职场的人来说，获得荣耀固然可贵，但保持谦卑则更为重要。如果你有远大抱负，就不要斤斤计较眼前成绩，而应大大方方地把功劳让给领导。这样才能使自己在职场立足并获得长远发展。

让功给领导，需特别注意一点：别轻视领导的智商，不要直接把功劳强加到领导身上，造成张冠李戴的尴尬场面。那样只会弄巧成拙，招致领导的怨恨。另外，当你把功劳让给领导时，切勿到处宣扬，否则会让领导误以为你别有目的。

参考文献

[1] 木瓜制造, 原田玲仁. 每天懂一点人际关系心理学[M]. 长沙：湖南文艺出版社，2012.

[2] 成正心. 活学活用社交心理学[M]. 北京：电子工业出版社，2017.

[3] 王富军. 受益一生的社交心理学 [M]. 北京：中国商业出版社，2016.

[4] 李靖. 社交心理学[M]. 沈阳：沈阳出版社，2017.